燃气工程系列便携手册

燃气设计便携手册

主 编：徐 鹏

U0329975

中国建筑工业出版社

图书在版编目（CIP）数据

燃气设计便携手册/徐鹏主编．--北京：中国建
筑工业出版社，2024.12．--（燃气工程系列便携手册）．
ISBN 978-7-112-30734-0

Ⅰ．TU996-62

中国国家版本馆 CIP 数据核字第 2024EY1060 号

责任编辑：胡明安
责任校对：赵　力

燃气工程系列便携手册

燃气设计便携手册

主　编：徐　鹏

＊

中国建筑工业出版社出版、发行（北京海淀三里河路 9 号）

各地新华书店、建筑书店经销

北京龙达新润科技有限公司制版

鸿博睿特(天津)印刷科技有限公司印刷

＊

开本：850 毫米×1168 毫米　1/32　印张：9¼　字数：256 千字
2025 年 1 月第一版　2025 年 1 月第一次印刷
定价：**38.00** 元
ISBN 978-7-112-30734-0
（43939）

版权所有　翻印必究

如有内容及印装质量问题，请与本社读者服务中心联系
电话：(010) 58337283　QQ：2885381756
（地址：北京海淀三里河路 9 号中国建筑工业出版社 604 室　邮政编码：100037）

本书共 6 章，分别是：通用设计要求、燃气气源相关计算、城镇燃气厂站设计、燃气输配系统设计、室内燃气系统设计、液化石油气供应系统设计。本书以最新的技术标准和燃气专业知识为依据，结合实际工程的设计经验，全面系统地梳理了燃气管道、各类厂站、调压站（箱）、用户设施及计量仪表等各类燃气设施设计的内容和要求。强调简明、实用。

　　本书可供从事城镇燃气工程专业设计人员、管理人员使用，也可供从事燃气工程建设、施工、监理工作的人员使用。还可以供高等院校和职业院校相关专业师生使用。

前言

什么是设计？这个问题似乎没有统一的答案。有人说，设计就是在保证安全的前提下，解决问题，满足客户的要求。

城镇燃气工程设计，应在符合国家能源、生态环境、土地利用、防灾减灾、应急管理等政策的前提下，实现燃气供应的连续稳定和运行安全；在保障人民生命财产和公共安全的条件下完成燃气的接收、储存、输送、分配、调压、计量等功能。设计过程中，所采用的技术方法和措施必须符合国家现行技术规范的强制性要求；具体技术方案可以参照推荐性标准；鼓励工程技术、材料设备的创新与应用，其中，创新性的技术方法和措施，应进行可靠的试验、论证并符合相关观点；鼓励采用现代化监控管理与信息技术，以提高燃气供应系统的运行维护水平。

《燃气设计便携手册》以最新的技术标准和燃气专业知识为依据，结合实际工程的设计经验，强调简明、实用。本书全面系统地介绍了城镇燃气系统设计内容及要求，包括：通用设计要求、燃气气源相关计算、城镇燃气厂站设计、燃气输配系统设计、室内燃气系统设计及液化石油气供应系统设计等。

本书由高等院校和设计单位的专业技术人员共同编写，希望能更好地服务于城镇燃气系统的设计工作。参加编写的有北京建筑大学的徐鹏、詹淑慧，中国市政工程华北设计研究总院有限公司的吴洪松，北京市煤气热力工程设计院有限公司的刘伟，北京优奈特能源工程技术有限公司的张燕平、崔竞月等；全书由徐鹏担任主编。

　　受编写时间和参编人员水平及经验的限制，书中可能还存在错误与不足，编者热切期待本书使用者的反馈和建议，我们将持续收集信息，不断改进、完善本书的内容。

　　衷心希望《燃气设计便携手册》能够为燃气行业和相关专业的设计人员提供帮助，为在校师生提供参考。

　　本书在编写过程中，天津华迈能源科技股份有限公司等企业提供了相关技术资料，许多前辈及同行给出了宝贵意见和建议，中国建筑工业出版社的胡明安编辑给予我们很多鼓励和时间上的宽容！在此一并表示感谢！

编者

目录

第 1 章

通用设计要求

1.1　总　则

设计规范、技术标准以及政府法令，是工程设计的基础依据，应严格遵守执行。燃气供应设计应遵守现行国家标准《燃气工程项目规范》GB 55009、《城镇燃气设计规范（2020 年版）》GB 50028 以及其他有关规范。设计人员应把握各条文的核心思想和法理要义，在进行具体工程项目设计过程中，在充分研究需求的基础上，通过技术经济的合理论证确定合适的技术方案。设计深度应符合住房和城乡建设部《建筑工程设计文件编制深度规定》。

"国标"的应用，应以当前的有效版本为依据。具体工程设计时，还需要遵守工程所在地的地方标准。地方标准与国家标准的某些条文不一致时，原则上以地方标准为设计依据。具体工程采用团体标准时，如果团体标准中的某些条文规定与国家标准存在矛盾，原则上应以国家标准为设计依据，必要时应与甲方协商后确定。对于国家标准中的非强制性条款的采纳或团体标准的相关规定，原则上由工程设计的工种负责人依据具体项目，合理决定。对于强制性条款，工程设计中应严格执行；当对于某个具体问题在理解上出现争议时，应进行相应的技术论证，并取得相应的标准规范编制单位的解释或认可后执行。

用气负荷计算和设备选型等，除方案设计和初步设计阶段可采用简化方法估算外，施工图设计中所有涉及的计算内容，应按相关标准规范规定进行详细计算。

1.2 制图一般要求

在同一工程的初步设计和施工图中，对于同一表示对象，均应采用相同的图例。

1.2.1 图纸排序

根据《燃气工程制图标准》CJJ/T 130—2009 的要求，图纸的排列宜符合下列顺序：工程项目的图纸目录、选用标准图或图集目录→设计施工说明→设备及主要材料表→图例→设计图。

各专业设计图纸应独立编号。图纸编号宜符合下列顺序：目录→总图→流程图→系统图→平面图→剖面图→详图等。

1.2.2 图纸幅面及图框尺寸

图纸幅面和图框尺寸应符合现行国家标准《房屋建筑制图统一标准》GB/T 50001 的规定。当对幅面有特殊要求时，图纸幅面和格式应按现行国家标准《技术制图 图纸幅面和格式》GB/T 14689 中的有关规定执行。图纸幅面的选择不宜超过两种。

1.2.3 图面要求

1. 图面处理

无特殊要求，应按顺序横向布图。选择合适的图幅，使整个图面布置合理，图纸充满度宜满足 80%。在一张图上有多个平面、系统或详图内容时，每个内容下方均需要注明各自名称和比例。

为突出体现本专业的设计内容，应将 CAD 底图颜色调整为 8 号色，且将不必要的底图删除或隐藏。

2. 图线

（1）线宽

1）一张图纸中同一线型的宽度应保持一致；一套图纸中同一线型的宽度宜保持一致。

2）平面图和系统图中燃气管道均采用线宽为 0.7mm 的多段线（PLINE）表示。平面图中表示上升管或下降管的圆的直径应为线宽的 2 倍。

（2）线型

1）架空明敷燃气管道采用实线表示，埋地、暗敷燃气管道采用虚线表示。

2）在同一工程中，若埋地燃气管道存在多种压力级制，可采用除实线外的其他线型（如虚线、单点长画线等）分别表示不同压力级制的管道。不同压力级制燃气管道不得采用同一种线型表示。

3）当绘制彩图时，可采用同一种线型的不同颜色来区分不同压力级制或不同建设分期的燃气管道。

其他应符合现行国家标准《房屋建筑制图统一标准》GB/T 50001 和现行行业标准《燃气工程制图标准》CJJ/T 130 的规定。

3. 字体

图纸上所有字体，包括各种符号、字母代号、长度数字及文字说明等字型标准应统一，字体可依据所选图幅大小采取相对应的字号，并应注意标点符号的准确。

设计文件及图面上所有文字（除封面外）均采用 txt. shx 大字体 hzdx，宽度系数为 0.7。

平面图、系统图各种标注字高采用 3.0mm，其他文字说明采用 3.5mm，图名字高为 4mm。

封面字体采用黑体字。"某市天然气利用工程"及"某燃气管道工程"采用 6 号字，字宽系数 0.8；阶段及项目号采用 4 号字，字宽系数为 1.0；设计院名称采用 4 号字，字宽系数 1.0；证书编号及日期"_____年___月___日"采用 3 号字，字宽系数为 1.0。

4. 标注标高

平面布置图尺寸标注应清晰明了,当采用连续标注时,尺寸界线长度应一致,做到美观大方不交叉。

图样上的尺寸单位:标高、相对距离、室内外管道定位尺寸以米(m)为单位;管径及壁厚以毫米(mm)为单位;材料表中的管道长度以米(m)为单位,且应为整数。

数字、各种计量数值、分数、倍数、百分数、图表编号等一般均用阿拉伯数字。

标注引出线应采用细直线表示,引出角度一般为 45°、60°、90°。

尺寸线及所注尺寸数字,应尽量标注在图画轮廓线以外;当必须标注在图画轮廓线以内时,在尺寸数字处的图例应断开,以避免尺寸与图例线相混淆。尺寸起止符号宜用中粗短线绘制,其倾斜方向与尺寸界线呈顺时针 45°,长度宜为 2~3mm。

文字说明及尺寸数字的头部方向一般为向上或向左。

标注半径、直径及坡度时,应在数字前加注代号,如 $R=150$,$DN40$;$i=3‰$。半径及角度、弧的半径,一般标注在圆弧内部,采用箭头表示。

(1)较小的半径及直径,可标注在圆弧的外部。较长的半径,可用折断线表示。

(2)角度采用箭头表示,当角度较小时,箭头可标注在角度轮廓线的外侧。

标高数字以米为单位,写到小数点以后第二位,特殊情况可写到小数点以后第三位。零点标高应注写成±0.00,正数标高可不注"+",负数标高应注"-",例如 3.00、-0.60。

厂站管道平面布置图中,管道标注统一样式如下:

管道代号-编号-管径(公称直径) 管道材质 标高

其中,标高表示符号 COP 代表管中,TOP 代表管顶,BOP 代表管底。例如:NG-202-DN25- 06Cr19Ni10 BOP 0.30,代表编

号 为 202 的天然气管道，公称直径为 DN25，管道材质为
06Cr19Ni10，管底标高为 0.30m。

5. 指北针

室外燃气管道平面图、室内燃气管道及设备平面图均应有指北
针，形状宜如图 1-1 所示，一般画在图纸的右上方。厂站总平面图
原则上应有风玫瑰。

指北针的大小：圆的直径为 24mm，采用细实线绘制；指北针
头部应注"N"字，尾部宽度为 3mm；N 字体为新宋体，字高
5mm，宽度比例为 1.0。

图 1-1　指北针

1.2.4　常用代号和图形符号

1. 一般规定

（1）流程图和系统图中的管道、管件、阀门及其他设备应用管
道代号和图形符号表示。

（2）同一燃气工程图样中所采用的代号、线型和图形符号应集
中列出，并加以注释。

（3）其他管道代号和图形符号，应符合现行行业标准《燃气工
程制图标准》CJJ/T 130 的规定。

2. 常用管道代号

燃气工程常用管道代号宜符合表 1-1 的规定，自定义的管道代
号不应与表 1-1 中的示例重复，并应在图面中说明。

3. 常用图形符号

燃气工程制图常用图例宜符合表 1-2～表 1-6 的规定。

燃气工程常用管道代号表　　　表 1-1

序号	管道名称	管道代号	序号	管道名称	管道代号
1	燃气管道(通用)	G	16	氮气管道	N
2	高压燃气管道	HG	17	给水管道	W
3	中压燃气管道	MG	18	排水管道	D
4	低压燃气管道	LG	19	雨水管道	R
5	天然气管道	NG	20	热水管道	H
6	压缩天然气管道	CNG	21	蒸汽管道	S
7	液化天然气 BOG 管道	BOG	22	润滑油管道	LO
8	液化天然气 EAG 管道	EAG	23	仪表空气管道	IA
9	液化天然气液相管道	LNG	24	冷却水管道	TS
10	液化石油气气相管道	LPGV	25	凝结水管道	CW
11	液化石油气液相管道	LPGL	26	放散管道	C
12	液化石油气混空气管道	LPG-AIR	27	旁通管道	V
13	人工煤气管道	M	28	回流管道	BP
14	供油管道	O	29	排污管道	RE
15	压缩空气管道	A	30	循环管道	B

燃气管道常用画法图例　　　表 1-2

图例名称	表示方法	图例名称	表示方法
室外地面符号		埋地管道	(多压力系统应用
室内地面符号			不同线型区分)
管道坡度	i=0.003	架空燃气管道	
两管断裂线	1　2　1	已建与新建管道	可以通过调整线型比例
三管断裂线	1　2　3　2　1		或打印灰度加以区分
两管交叉不连接	下　上	管中心标高	
		管顶标高	
两管交叉连接		管底标高	
		套管	

续表

图例名称	表示方法	图例名称	表示方法
套管(穿楼板)		管道固定吊架	
套管(穿墙体)		管道滑动支架	
管道固定支架		管道滑动吊架	

燃气管道附件图例　　　　表 1-3

图例名称	表示方法		图例名称	表示方法
	平面图	系统(立面)图		
正三通			法兰连接	
45°弯头			钢盲板	
90°弯头			法兰盖	
保温管、保冷管			丝堵	
电伴热管			PE 管帽	
活接头			钢塑转换	$D×δ$　　dn
承插式接头			绝缘法兰	
同心大小头			绝缘接头	
偏心大小头			混凝土配重块	

燃气阀门图例　　　　表 1-4

图例名称		图例		图例名称	图例	
		平面图	系统图		平面图	系统图
球阀	丝扣			旋塞阀		
	法兰					
	焊接			安全阀		
	卡套			蝶阀		

续表

图例名称	图例		图例名称	图例	
	平面图	系统图		平面图	系统图
角阀			紧急自动切断阀		
截止阀					
闸阀			电磁阀		
减压阀			气动或液动阀		
三通阀					
止回阀			电动阀		
调节阀					

主要燃气设备图例　　　　　　　　　　　　　　表 1-5

图例名称	表示方法		图例名称	表示方法	
	平面图	系统(立面)图		平面图	系统(立面)图
大锅灶			圆形阀门井		
双眼灶			测试桩		
三眼灶			牺牲阳极		
四眼灶			Y 形过滤器		
热水器		R	桶形过滤器		
采暖炉		N	绝缘法兰		
锅炉(立式)			绝缘接头		
锅炉(卧式)			金属软管		
压力表			调压器		
温度计			调压箱(柜)		
凝水缸			涡轮表		
矩形阀门井			罗茨表		

续表

图例名称	表示方法		图例名称	表示方法	
	平面图	系统(立面)图		平面图	系统(立面)图
孔板流量计			方形补偿器		
超声波流量计			阻火器		
皮膜表			波纹补偿器		

燃气厂站常用图例　　　　　　　表 1-6

图例名称	图例	图例名称	图例
气源厂		专用调压站	
门站		汽车加油站	
储配站、存储站		汽车加气站	
液化石油气储配站		汽车加油加气站	
液化天然气储配站		阀室	
天然气、压缩天然气储配站		阀井	
区域调压站			

1.3 设计基本参数

1.3.1 设计温度

设计温度指用于设计计算的温度值。设计温度应根据工作环境温度或输送介质温度综合考虑确定。

燃气管道设计温度的确定可参照:

1. 按工作环境温度确定

（1）常规地区：−20～50℃；

（2）寒冷地区：最冷月平均温度～50℃（室外）；−20～50℃（室内）。

2. 按输送介质温度确定

（1）LNG 管道：−196℃；

（2）其他类管道：按环境温度确定设计温度。

1.3.2 设计压力

设计压力应等于或高于最高运行压力，且应圆整至常用管道设计压力序列，常用管道设计压力序列如表 1-7 所示。

常用管道设计压力序列表　　　　　表 1-7

分类	单位	常用管道设计压力序列
低压	Pa	5000、9800
中压 B	MPa	0.1、0.2
中压 A	MPa	0.4
次高压 B	MPa	0.8
次高压 A	MPa	1.6
高压 B	MPa	2.5
高压 A	MPa	4.0
超高压	MPa	6.3、10.0

注：特殊情况可根据实际情况确定设计压力，但应尽量选择表内常用序列。

1.4 管材、管件及相关设备与附件

1.4.1 管材

1. 管材的标识方法

管径的表示方法应根据管道材质确定，管径应以毫米（mm）

为单位，且应符合表 1-8 的规定。

管径的表示方法 表 1-8

管道材质	示例(mm)
钢管、不锈钢管	1. 以外径 D×壁厚表示(如:$D108×4.5$) 2. 以公称直径 DN 表示(如:$DN200$)
聚乙烯管	以公称直径 dn 表示(如:$dn110$ SDR17)
铸铁管	以公称直径 DN 表示(如:$DN300$)
铜管	以外径 ϕ×壁厚表示(如:$\phi8×1$)
铝塑复合管	以公称直径 DN 表示(如:$DN65$)
胶管	以外径 ϕ×壁厚表示(如:$\phi12×2$)

2. 燃气管道

（1）中、低压燃气管道

当采用钢管时，推荐选用 Q235B 材质的钢管；管径小于或等于 $DN250$ 时，推荐选用直缝钢管，特殊情况采用无缝钢管；管径大于或等于 $DN300$ 时，推荐选用螺旋缝钢管，特殊情况选用直缝钢管。

（2）高（次高）压燃气管道

应选用钢管，并符合现行国家标准《石油天然气工业 管线输送系统用钢管》GB/T 9711 和《输送流体用无缝钢管》GB/T 8163 的有关规定。同一管线宜选择同种管材。

（3）燃气厂站工程

1）厂站工程燃气管道宜采用无缝钢管（SMLS）；当管径大于 $DN300$ 时，可采用直缝埋弧焊钢管（SAWL），与整撬设备连接的进出站管道也可采用螺旋缝埋弧焊钢管（SAWH）。

2）燃气厂站工程管材选用推荐表如表 1-9 所示。

1.4.2 管件

各类工程管件选用推荐表如表 1-10 所示。

燃气厂站工程管材选用推荐表　　　　表 1-9

条件		管材			备注
压力	温度	管型	材质	标准	
$P\geqslant25.0$MPa	—	SMLS	06Cr19Ni10	GB/T 14976	
$P\geqslant6.3$MPa	$\geqslant-20℃$	SMLS	Q345D	GB/T 6479	同等条件优先选用
	$\geqslant-40℃$		Q345E	GB/T 6479	
	—		L360~L415	GB/T 9711	需做夏比冲击试验
	—	SAWL	L360~L415	GB/T 9711	
	—	SAWH	L360~L415	GB/T 9711	
4.0MPa$\leqslant P$ <6.3MPa	$\geqslant-20℃$	SMLS	Q345D 20G	GB/T 6479 GB/T 5310	材质按表中先后顺序优先选择
	$\geqslant-40℃$	SMLS	Q345E 20G	GB/T 6479 GB/T 5310	
	—		L360	GB/T 9711	需做夏比冲击试验
	—	SAWL	L360	GB/T 9711	
	—	SAWH	L360	GB/T 9711	
$P<4.0$MPa	$>-20℃$	SMLS	20 号	GB/T 8163	材质按表中先后顺序优先选择
	$\geqslant-20℃$		Q345D 20G	GB/T 6479 GB/T 5310	
	$\geqslant-40℃$	SMLS	Q345E 20G	GB/T 6479 GB/T 5310	
	—		L245~L360	GB/T 9711	需做夏比冲击试验
	—	SAWL	L245~L360	GB/T 9711	
	—	SAWH	L245~L360	GB/T 9711	
—	$<-40℃$	SMLS	06Cr19Ni10	GB/T 14976	

注：SMLS——无缝钢管；SAWH——螺旋缝埋弧焊钢管；SAWL——直缝埋弧焊钢管。

各类工程管件选用推荐表　　　　表 1-10

类型	材质	标准	连接方式	备注
钢制对焊管件	同连接管道材质	GB/T 12459、GB/T 13401	焊接连接	

1.4.3 阀门

一般城镇燃气工程阀门按以下原则选用：

（1）室外架空燃气管道宜采用法兰连接阀门，室外埋地燃气管道宜采用直埋阀门；

（2）室内中压燃气管道应采用法兰连接阀门，室内低压燃气管道可采用螺纹连接阀门；

（3）北方寒冷地区出地管阀门应采用法兰球阀；

（4）燃气厂站的进、出站总阀宜采用直埋形式设置；

（5）防爆电磁阀（紧急自动切断阀），当设计压力不大于 0.1MPa 时，选择最大工作压力为 0.1MPa 的电磁阀；当燃气管道设计压力大于 0.1MPa，且小于等于 0.4MPa 时，选择最大工作压力为 0.4MPa 的电磁阀。中低压燃气管道的其他阀门公称压力等级均为 1.6MPa；

（6）燃气管道上安全阀的选用，应符合以下要求：

1）输送气体管道应选用全启式安全阀，输送液体管道应选用微启式安全阀；

2）安全阀开启压力等于 1.05～1.1 倍最高工作压力，且不得大于设计压力，回座压力为 85% 开启压力；

3）安全阀的入口管道口径一般按主管道口径的 1/3 考虑，并应符合相关规定要求。

1.4.4 计量设备

1. 燃气计量设备的选用

燃气计量设备（流量计）的选用应根据用途和用户类型进行选型。按用途可分为：贸易、（与上游单位）比对计量和工艺计量；按用户类型可分为工业、商业、居民及 LNG、CNG、LPG 用户。

（1）贸易、比对计量

1）用于与上游单位进行贸易、比对计量的流量计首选与上游同一品牌流量计的原则，计量精度不低于上游，一般精度为 0.5 级。高压力（≥4.0MPa）、大流量时宜选用超声波流量计，小流量时宜选用涡轮流量计。

2）流量计的选择应根据实际用气规模发展情况，选择符合当前用气规模的流量计，同时工艺装置需考虑为远期安装的大量程流量计预留足够空间。

（2）工艺计量

工艺计量指为满足工艺需求而进行的计量，主要用于输差管理、气体加臭等需求上。

1）原则上选用涡轮流量计；

2）流量波动大的场合，涡轮流量计无法满足要求时，应选用罗茨流量计、全量程流量计或超声波流量计。

3）用气比较均匀和稳定的场合，常用流量计有涡轮流量计、罗茨流量计、超声波流量计、全量程流量计等。在流量计选择上，除考虑流量范围、精度、线性度外，还应考虑管道的压力。

①在高压、大流量场合采用多声道超声波流量计；

②在用气平稳的场合，原则上采用涡轮流量计；

③在压力不大于 1.6MPa、流量波动变化大的场合选用罗茨流量计或全量程流量计。

（3）CNG 用户

以加气机计量的使用质量流量计。

（4）LNG 用户

大用量管道交接采用质量流量计，小用量汽车交接用户使用磅秤、电子秤。

2. 计量设备的设置

燃气厂站计量设备的设置位置应根据工艺需要和计量设备用途确定。

（1）门站如需要设置比对计量，比对计量应在调压前设置。

（2）非贸易、比对计量的流量计，宜选用 $PN40$ 及以下压力等级的流量计。

（3）高中压调压系统中，当入口压力小于等于 4.0MPa，且调压前燃气管道口径大于等于 $DN50$ 时，流量计应在一级调压前设置；当入口压力大于 4.0MPa 时，非比对计量流量计宜在一、二级调压之间设置。当调压前后口径相差较大时，流量计的设置位置应综合流量计的价格比较后确定。

1.4.5　调压设备

（1）设计时调压设备流量参数采用工作流量，设备采购时应按工作流量的 1.2 倍选型。

（2）不可中断的工商业用户和居民用户的调压柜应选择"2+0"形式。

（3）调压箱及调压柜均应做静电接地。

1.4.6　钢制法兰、垫片及紧固件

（1）燃气工程一般选用现行行业标准《钢制管法兰、垫片、紧固件》HG/T 20592～20635 中的"钢制管法兰（PN 系列）"，当工程中有进口设备或附件时，应要求供货商配套法兰、垫片及紧固件。

（2）钢制法兰按以下方式选取：

1）次高压 B 及以上工程应选用带颈对焊法兰（WN），密封面形式为突面（RF）；

2）次高压 B 以下工程可选用板式平焊法兰（PL），密封面形式为突面（RF）。

（3）垫片按以下方式选取：

1）高压 B 及以上工程垫片选用金属包覆垫片或缠绕式垫片；

2）高压 B 以下工程选用聚四氟乙烯包覆垫片；

3）低温燃气管道选用缠绕式垫片。

（4）燃气管道工程紧固件应选用专用级全螺纹螺柱及Ⅱ型六角螺母。

1.4.7　管道补偿

1. 补偿器的设置

应优先利用管道自然弯曲形状所具有的柔性进行自然补偿。自

然补偿满足不了需求时，采用补偿器补偿，同时应考虑以下几点：

（1）自然补偿器应采用整管撅制，与管道应采用焊接连接。

（2）应考虑安装温度与实际运行温度差，对补偿器进行预拉伸或压缩。

（3）应因地制宜选择合适的补偿器。

（4）补偿器的位置应使管道布置美观、协调。

2. 波纹补偿器

波纹补偿器固定支架设置原则：

（1）根据计算确定两个固定支架之间直管段需要的补偿量，所需补偿量不应超过补偿器补偿能力；

（2）设置多个波纹补偿器时，固定支架要均匀设置，每段补偿量尽量相等；

（3）立管设置波纹补偿器时，最上面的固定支架以上和最下面的固定支架以下的自由伸缩管段尽量保持一致，以使受力均等。

3. 补偿器的安装

（1）水平架空管道设置波纹补偿器时，水平设置波纹补偿器支架安装示意图如图 1-2 所示。

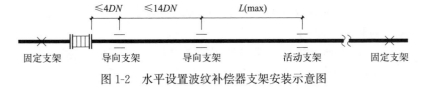

图 1-2 水平设置波纹补偿器支架安装示意图

（2）水平架空管道设置自然补偿器时，水平设置自然补偿器支架安装示意图如图 1-3 所示。

1.4.8 其他附件的选用原则

1. 压力表

（1）压力表量程选择原则：工作压力介于压力表量程 1/3～2/3 之间。常用压力表的量程范围如表 1-11 所示。

图1-3 水平设置自然补偿器支架安装示意图

常用压力表的量程范围汇总 表1-11

分类	单位	常用量程范围
弹簧式压力	MPa	0～0.06,0～0.10,0～0.25,0～0.40,0～0.60,0～1.00、 0～1.60,0～2.50,0～4.00,0～6.00,0～10.00
膜盒式压力表	kPa	0～10,0～16,0～25,0～40,0～60

（2）压力表精度应选用1.6级。

（3）压力表表盘大小宜为100mm、150mm，有特殊读数习惯的安装位置可以适当调大或调小表盘，最小表盘不小于75mm。

2. 温度计

（1）燃气工程使用的温度计宜采用双金属温度计。

（2）温度计量程选择原则：

1）温度计的刻度范围最低值应低于该安装位置的极限气温，刻度范围最高值应高于该安装位置的极限气温；

2）工作介质的温度应介于温度计量程的1/3～2/3之间。

（3）温度计精度应选用1.5级。

（4）温度计表盘大小宜为100mm、150mm。

3. 阻火器

（1）燃气工程选用的阻火器应符合现行国家标准《石油气体管道阻火器》GB/T 13347的要求。

（2）燃气厂站的放散系统上均应设置阻火器。

（3）工业燃烧器前，在燃气、空气或氧气的混气管路与燃烧器之间应设阻火器。

（4）调压柜放散管应设置阻火器。

4. 绝缘接头

燃气工程选用的绝缘接头应符合现行行业标准《绝缘接头与绝缘法兰技术规范》SY/T 0516 和现行国家标准《钢质管道外腐蚀控制规范》GB/T 21447 的要求。

（1）在埋地钢质管道的下列位置应设置绝缘接头：

1）管道与其他设施的分界处；

2）有阴极保护和无阴极保护的分界处；

3）有防腐层的管道与裸管道的连接处；

4）有接地的阀门。

（2）阴极保护系统中需要电绝缘隔离的位置应设置绝缘接头。

（3）与各类设备设施（有防雷防静电接地）连接的钢质管道出地面位置应设置绝缘接头。

（4）设计安装绝缘接头（法兰）时，应注意以下事项：

1）根据管道的介质、种类、温度、压力、绝缘性能要求和绝缘装置机械强度的大小、位置和方向、外部环境条件等因素，选择适宜的电绝缘装置及其安装方法；

2）绝缘接头一般采用埋地安装，并配以双锌接地电池保护；

3）绝缘法兰不应安装在可燃气体聚集的部位和密闭的场所；

4）严禁安装在管道热补偿器附近；

5）绝缘接头（法兰）各 10m 内的管道外防腐宜适当增加防腐层涂敷厚度或提高防腐层等级。

1.5　钢质管道除锈、防腐及防雷防静电

1.5.1　除锈

钢管、管件表面除锈可采用喷射清理、手工和动力工具清理，除锈等级应符合现行国家标准《涂覆涂料前钢材表面处理 表面清洁度的目视评定 第1部分：未涂覆过的钢材表面和全面清除原有涂层后的钢材表面的锈蚀等级和处理等级》GB/T

8923.1 的规定。

（1）采用喷射清理时，除锈等级满足 Sa2½ 或 Sa3 级。

（2）采用手工和动力工具清理时：

1）管道采用架空敷设时，满足 St2 级；

2）管道采用聚乙烯胶粘带防腐埋地敷设，满足 St3 级。

1.5.2　外防腐

（1）埋地钢质管道采用聚乙烯胶粘带防腐时，应符合现行行业标准《钢质管道聚烯烃胶粘带防腐层技术标准》SY/T 0414 的要求。

（2）埋地钢质管道采用三层结构挤压聚乙烯防腐（3PE）层防腐时，应符合现行国家标准《埋地钢质管道聚乙烯防腐层》GB/T 23257 的要求。

（3）常规埋地钢质管道防腐等级为加强级。

（4）埋地钢质管道优先选择 3PE 防腐钢管。3PE 防腐钢管环焊缝补口采用环氧底漆/辐射交联聚乙烯热收缩套（带）三层结构。弯管优先采用出厂预制 3PE 防腐，现场进行防腐的弯管以及管件，采用环氧底漆/辐射交联聚乙烯热收缩带三层结构虾米状搭接包覆的防腐方式。

（5）架空钢管（镀锌钢管、不锈钢管除外）、管道支架应刷两道防锈底漆、两道面漆；镀锌钢管镀锌层破损处或丝接口处需刷两道防腐漆。

（6）不锈钢管不刷漆，但需酸洗钝化。

1.5.3　阴极保护

1. 阴极保护方式的选择

（1）新建埋地钢质燃气管道应采用防腐层辅以阴极保护的腐蚀控制系统。阴极保护方式原则上按具体工程并应考虑燃气管道敷设的周边环境是否满足要求。

（2）绝缘接头或钢塑转换后出地前的局部钢质埋地管道不需要

设置阴极保护。

（3）处于强干扰腐蚀地区的管道，应采取防干扰保护措施。管道靠近地铁、有轨电车、电气化铁路、电塔等位置，应做排流保护措施。

（4）出站燃气管道与已建燃气管道连接的新建埋地燃气管道阴极保护要求：

1）如已建燃气管道设置了牺牲阳极保护，且新建埋地钢质管道在已建管道的牺牲阳极保护范围内，新建管道可不另设置牺牲阳极保护，但需要在设计文件中说明；

2）如已建埋地钢管未设置牺牲阳极保护，新建埋地钢管应与已建管道之间设置绝缘装置，同时新建埋地钢质管道应设置牺牲阳极保护。

（5）设置阴极保护管道的截断阀室，进出阀室处管道应设置绝缘接头，阀室前后管道采用电缆跨接。

2. 牺牲阳极阴极保护

（1）燃气工程常用阳极的种类及应用环境

1）镁阳极

镁阳极可用于电阻率在 $20\sim50\Omega \cdot m$ 的土壤或淡水环境。

2）锌阳极

锌阳极用于环境温度低于 $49℃$，土壤电阻率小于 $15\Omega \cdot m$ 的土壤环境中或海水环境。电极电位为 $-1.10VCSE$，驱动电压 $0.25V$。锌阳极必须使用回填料。

（2）牺牲阳极应平行布置于管道两侧 $1\sim3m$ 范围内。

（3）牺牲阳极的数量和间距需根据管道规格、阳极棒数量、质量等确定。设计时可按表 1-12 确定。

3. 外加电流阴极保护

（1）阳极床优先选用浅埋方式。

（2）阳极床设在厂站内时，如面积无法满足阳极浅埋时，可采用深井方式。

牺牲阳极的数量和间距要求　　　　　　　表 1-12

管道规格（mm）	阳极棒数量（组/km）	阳极棒质量（kg/支）	每组支数（支/组）	阳极成分组成
$DN{\leqslant}200$	4	11	2	镁合金（Mg-6Al-3Zn-Mn）
$200{<}DN{\leqslant}250$	5	11	2	镁合金（Mg-6Al-3Zn-Mn）
$250{<}DN{\leqslant}300$	3	11	4	镁合金（Mg-6Al-3Zn-Mn）
$350{<}DN{\leqslant}400$	4	11	4	镁合金（Mg-6Al-3Zn-Mn）
$400{<}DN{\leqslant}500$	5	11	4	镁合金（Mg-6Al-3Zn-Mn）
$500{<}DN{\leqslant}600$	6	11	4	镁合金（Mg-6Al-3Zn-Mn）

注：本表数据按以下条件确定：保护电流为 $0.1mA/m^3$；土壤电阻率为 $50\Omega \cdot m$；管道阴极极化保护电位为 $-0.85V$（相对于饱和硫酸铜参比电极）；新建管道涂层电阻不低于 $10000\Omega \cdot m^2$；保护寿命不少于 20 年。

4. 检测装置及位置

管道阴极保护检测点沿管道设置，并在下列位置应设置监测点：

（1）强制电流阴极保护管道的汇流点和保护末端；

（2）牺牲阳极安装处和两组阳极的中间处；

（3）电绝缘装置安装处；

（4）被保护管道和其他埋地管道交叉处；

（5）在交、直流电流干扰区域内的管道应根据具体情况确定检测点的位置和间距。

1.5.4　防雷、防静电

（1）室外的立管、放散管和燃气设备等处均应有防雷、防静电接地设施。

（2）架空燃气管道在进出处就近接到防雷或电气设备的接地装置上，也可采用独立的接地装置，其冲击接地电阻不应大于 30Ω。

（3）可能产生静电危害的输气管道以及在管道分支处及管道每间隔 $50\sim80m$，均应设置防静电接地，静电接地单独安装时，其对地电阻不应大于 100Ω。

（4）露天敷设的金属燃气管道，一般采用独立的接地装置，其冲击接地电阻不应大于 30Ω，防雷引下线选用不小于 ϕ8mm 的镀锌圆钢，钢管壁厚不小于 4mm。

（5）当天然气管道上的法兰、法兰连接的阀门及与非金属管两端连接处的过渡电阻大于 0.03Ω 时，连接处应采用截面积不小于 6mm^2 金属线或紫铜板跨接。对于不少于 5 根螺栓连接的法兰盘，在非腐蚀环境下，可不跨接。

（6）装有阻火器的燃气放散管，应做防雷接地，其冲击接地电阻不应大于 10Ω。

1.6 管道涂色及标识

1.6.1 涂色

（1）地上工艺管道标识采用管道整体涂色、涂刷色环、箭头和标注说明性文字的方式，标明管道的介质种类、流向、压力级别或介质状态等。

（2）地上工艺管道整体涂色应根据管道内的介质种类和用途确定，工艺管道整体涂色应符合表 1-13 的规定。

工艺管道整体涂色　　　　　　　　　表 1-13

管道名称	颜色名称		管道名称	颜色名称
人工煤气管道 天然气管道 液化石油气气相管	淡黄色		液化天然气管道	保温保护壳体本色
液化石油气液相管	室内	中灰色	残液管道 排污管	黑色
	室外	白色		
压缩空气管道	天酞蓝		氮气管道	淡棕色
安全放散管	紫红		消防水管	大红色

（3）架空焊接燃气管道整体涂黄色面漆色，架空镀锌钢管涂刷黄色环。

黄色环宽度宜为 150mm，垂直立管应保证每层楼高至少一个色环，长距离横架空管道或其他走向的管道，应保证两个标识之间最大距离不超过 5m，转弯及分支处应适当增加黄色环的数量。黄色环采用黄色圆柱带状形式。涂色示意图如图 1-4 所示。

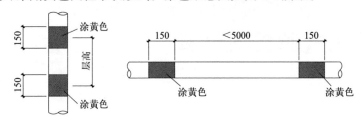

图 1-4　涂色示意图（单位为 mm）

（4）出地面易碰撞的燃气立管，应涂黑黄相间的警示色。

（5）支架涂刷银粉漆，立柱支撑涂刷灰色面漆。立柱设置在可通行车辆区域时，应涂刷黑黄相间反光漆或粘贴反光警示条。

1.6.2　标识

（1）燃气厂站内地上工艺管道除整体涂色外，还可涂刷标明管道内介质流向的箭头。

（2）箭头的涂刷位置、数量及间隔距离可根据实际情况确定。

（3）燃气厂站内地上工艺管道上可根据实际需要选择说明性文字。说明性文字的涂色应与箭头的涂色一致。

（4）箭头图案的涂色和样式可按表 1-14 的规定执行。

箭头图案的涂色和样式　　　　　　　　　表 1-14

管道涂色	淡黄色	保温保护壳体本色	白色	其他色
箭头涂色	黑色	黑色	天酞蓝色	白色
箭头样式 $a=5b$				

第2章

燃气气源相关计算

　　燃气是指可以作为燃料的气体，需要满足一定的质量要求，兼顾大量使用的经济性。燃气通常为多组分的混合物，具有易燃、易爆的特性。其中的可燃成分主要包括甲烷及其他碳氢化合物（烃类）、氢气、一氧化碳等；不可燃成分主要包括二氧化碳、氮气及惰性气体，部分燃气中还含有氧气、水及少量杂质。

2.1　燃气的种类

　　城镇燃气供应系统的规划设计、运行维护与管理、燃烧设备的设计和选用等都与燃气的种类特性有关。

　　现行国家标准《城镇燃气分类和基本特性》GB/T 13611 中规定了城镇燃气的分类原则、特性指标计算方法、类别和特性指标要求、城镇燃气试验气，以及城镇燃气燃烧器具试验气测试压力等。除了常规的人工煤气、天然气与液化石油气外，城镇燃气分类中还包含了液化石油气混空气、二甲醚和沼气，共六类不同的气源。在基准状态下（15℃，101.325kPa 大气压）城镇燃气的类别及特性指标如表 2-1 所示。

城镇燃气的类别及特性指标　　　　　　表 2-1

类别		高华白数 W_s (MJ/m³)		高热值 H_s (MJ/m³)	
		标准	范围	标准	范围
人工煤气	3R	13.92	12.65～14.81	11.10	9.99～12.21
	4R	17.53	16.23～19.03	12.69	11.42～13.96
	5R	21.57	19.81～23.17	15.31	13.78～16.85
	6R	25.70	23.85～27.95	17.06	15.36～18.77
	7R	31.00	28.57～33.12	18.38	16.54～20.21
天然气	3T	13.30	12.42～14.41	12.91	11.62～14.20
	4T	17.16	15.77～18.56	16.41	14.77～18.05
	10T	41.52	39.06～44.84	32.24	31.97～35.46
	12T	50.72	45.66～54.77	37.78	31.97～43.57
液化石油气	19Y	76.84	72.86～87.33	95.65	88.52～126.21
	22Y	87.33	72.86～87.33	125.81	88.52～126.21
	20Y	79.59	72.86～87.33	103.19	88.52～126.21
液化石油气混空气	12 YK	50.70	45.71～57.29	59.85	53.87～65.84
二甲醚[a]	12 E	47.45	46.98～47.45	59.87	59.27～59.87
沼气	6Z	23.14	21.66～25.17	22.22	20.00～24.44

注：1. 燃气类别，以燃气的高华白数按原单位为 kcal/m³ 时的数值，除以 1000 后
　　　取整表示，如 12T，即指高华白数约计为 12000kcal/m³ 时的天然气。

　　2. 3T、4T 为矿井气或混空轻烃燃气，其燃烧特性接近天然气。

　　3. 10T、12T 天然气包括干井气、油田气、煤层气、页岩气、煤制天然气、生
　　　物天然气。

[a] 二甲醚气应仅用作单一气源，不应掺混使用。

2.2　燃气的基本性质

多组分混合的燃气，在输送和使用中，各成分保持原有的性质，组分之间不发生化学反应。

单一气体的特性是计算燃气特性的基础数据。某些低级烃的基本性质如表 2-2 所示，某些单一气体的基本性质如表 2-3 所示。

表2-2

某些低级烃的基本性质 [273.15K, 101325Pa]

气体	甲烷	乙烷	乙烯	丙烷	丙烯	正丁烷	异丁烷	丁烯	正戊烷
分子式	CH_4	C_2H_6	C_2H_4	C_3H_8	C_3H_6	C_4H_{10}	C_4H_{10}	C_4H_8	C_5H_{12}
分子量 M	16.043	30.070	28.054	44.097	42.081	58.124	58.124	56.108	72.151
摩尔容积 V_M（m³/kmol）	22.3621	22.1872	22.2567	21.9362	21.9900	21.5036	21.5977	21.6067	20.8910
密度 ρ（kg/m³）	0.7174	1.3553	1.2605	2.0102	1.9136	2.7030	2.6912	2.5968	3.4537
相对密度 s（空气=1）	0.5548	1.0480	0.9748	1.5540	1.4790	2.0900	2.0810	2.0080	2.6710
气体常数 R[J/(kg·K)]	517.1	273.7	294.3	184.5	193.8	137.2	137.8	148.2	107.3
临界温度 T_c（K）	191.05	305.45	282.95	368.85	364.75	425.95	407.15	419.59	470.35
临界压力 P_c（MPa）	4.6407	4.8839	5.3398	4.3975	4.7623	3.6173	3.6578	4.0200	3.3437
临界密度 ρ_c（kg/m³）	162	210	220	226	232	225	221	234	232
高热值 H_s（MJ/m³）	39.842	70.351	63.438	101.266	93.667	133.886	133.048	125.847	169.377
低热值 H_i（MJ/m³）	35.902	64.397	59.477	93.240	87.667	123.649	122.853	117.695	156.733
爆炸极限	—	—	—	—	—	—	—	—	—
爆炸下限 L_L（体积%）	5.0	2.9	2.7	2.1	2.0	1.5	1.8	1.6	1.4
爆炸上限 L_H（体积%）	15.0	13.0	34.0	9.5	11.7	8.5	8.5	10	8.3
动力黏度 $\mu \times 10^6$（Pa·s）	10.393	8.600	9.316	7.502	7.649	6.835	6.875	8.937	6.355

续表

气体	甲烷	乙烷	乙烯	丙烷	丙烯	正丁烷	异丁烷	丁烯	正戊烷
运动黏度 $\nu \times 10^6$ (m²/s)	14.500	6.410	7.460	3.810	3.990	2.530	2.556	3.433	1.850
无因次系数 C	164	252	225	278	321	377	368	329	383
沸点 t (℃)	−161.49	−88.00	−103.68	−42.05	−47.72	−0.50	−11.72	−6.25	36.06
定压比热 c_p [kJ/(m³·K)]	1.5450	2.2440	1.8880	2.9600	2.6750	4.1300	4.2941	3.8710	5.1270
绝热指数 k	1.309	1.198	1.258	1.161	1.170	1.144	1.144	1.146	1.121
导热系数 λ [W/(m·K)]	0.03024	0.01861	0.01640	0.01512	0.01467	0.01349	0.01434	0.01742	0.01212

某些单一气体的基本性质 [273.15K, 101325Pa]

表 2-3

气体	一氧化碳	氢	氮	氧	二氧化碳	硫化氢	空气	水蒸气
分子式	CO	H_2	N_2	O_2	CO_2	H_2S		H_2O
分子量 M	28.0104	2.0160	28.0140	31.9988	44.0098	34.0760	28.9660	18.0154
摩尔容积 V_M (m³/kmol)	22.3984	22.4270	22.4030	22.3923	22.2601	22.1802	22.4003	21.6290
密度 ρ (kg/m³)	1.2506	0.0899	1.2504	1.4291	1.9771	1.5363	1.2931	0.8330
气体常数 R [J/(kg·K)]	296.630	412.664	296.660	259.585	188.740	241.450	286.867	445.357
临界温度 T_c (K)	133.00	33.30	126.20	154.80	304.20	373.55	132.50	647.30

续表

气体	一氧化碳	氢	氮	氧	二氧化碳	硫化氢	空气	水蒸气
临界压力 P_c(MPa)	3.4957	1.2970	3.3944	5.0764	7.3866	8.8900	3.7663	22.1193
临界密度 ρ_c(kg/m³)	300.860	31.015	310.910	430.090	468.190	349.000	320.070	321.700
高热值 H_s(MJ/m³)	12.636	12.745	—	—	—	25.348	—	—
低热值 H_i(MJ/m³)	12.636	10.786	—	—	—	23.368	—	—
爆炸下限 L_L(体积%)	12.5	4.0	—	—	—	4.3	—	—
爆炸上限 L_H(体积%)	74.2	75.9	—	—	—	45.5	—	—
动力黏度 $\mu \times 10^6$(Pa·s)	16.573	8.355	16.671	19.417	14.023	11.670	17.162	8.434
运动黏度 $\nu \times 10^6$(m²/s)	13.30	93.0	13.30	13.60	7.09	7.63	13.40	10.12
无因次系数 C	104	81.7	112	131	266	—	122	—
沸点 t(℃)	−191.48	−252.75	−195.78	−182.98	−78.20①	−60.30	−192.00	—
定压比热 c_p[kJ/(m³·K)]	1.302	1.298	1.302	1.315	1.620	1.557	1.306	1.491
绝热指数 k	1.403	1.407	1.402	1.400	1.304	1.320	1.401	1.335
导热系数 λ[W/(m²·K)]	0.02300	0.21630	0.02489	0.25000	0.01372	0.01314	0.02489	0.01617

① 升华。

2.2.1　燃气的物理化学性质

1. 混合气体的组分

燃气的组分是指混合气体中各种成分所占的比例。

混合气体的组分有三种表示方法：容积成分 y_i、质量成分 g_i 和分子成分 m_i。

1）容积成分是指混合气体中各组分的分容积与混合气体的总容积之比，即 $y_i = \dfrac{v_i}{v}$

混合气体的总容积等于各组分的分容积之和，即 $V = V_1 + V_2 + \cdots\cdots + V_n$

2）质量成分是指混合气体中各组分的质量与混合气体的总质量之比，即 $g_i = \dfrac{G_i}{G}$

混合气体的总质量等于各组分的质量之和，即 $G = G_1 + G_2 + \cdots\cdots + G_n$

3）分子成分是指混合气体中各组分的摩尔数与混合气体的摩尔数之比。

由于在同温同压下，1 摩尔任何气体的容积大致相等，因此，气体的分子成分在数值上近似等于其容积成分。

混合气体的总摩尔数等于各组分的摩尔数之和，即

$$V_{\mathrm{m}} = \frac{1}{100} \times (y_1 V_{m1} + y_2 V_{m2} + \cdots\cdots + y_n V_{mn}) \qquad (2\text{-}1)$$

式中　　　　　V_{m}——混合气体平均摩尔容积，$\mathrm{m}^3/\mathrm{kmol}$；

y_1、$y_2 \cdots\cdots y_n$——各单一气体容积成分，%；

V_{m1}、$V_{m2} \cdots\cdots V_{mn}$——各单一气体摩尔容积，$\mathrm{m}^3/\mathrm{kmol}$。

2. 混合液体的组分

混合液体（比如液化石油气、液化天然气等）组分的表示方法与混合气体相同，也可用容积成分 k_i、质量成分 g_i 和分子成分 x_i 三种方法表示。

表 2-4 为部分燃气的容积成分。

部分燃气的容积成分　　　　　　　　　表 2-4

燃气类别		燃气组分(容积%)								
		CH_4	C_3H_8	C_4H_{10}	C_mH_n	CO	H_2	CO_2	O_2	N_2
天然气	纯天然气	98	0.3	0.3	0.4	—	—	—	—	1.0
	凝析气田气	74.3	6.8	1.9	14.9	—	—	1.5	—	0.6
	石油伴生气	81.7	6.2	4.9	4.9	—	—	0.3	0.2	1.8
人工煤气	焦炉气	27	—	—	2	6	56	3	1	5
	油制气	16.5	—	—	5	17.3	46.5	7	1	6.7
液化石油气(概略值)		—	50	50						
生物气(人工沼气)		60	—	—	—	少量	少量	35	少量	—

注：由于生产工艺和产地的不同，各类燃气组分会有一定的差别。表中所列油制气为重油蓄热催化裂解气之参数；液化石油气的组分则为概略值。

3. 平均分子量

多组分的燃气不能用单一分子式来表达其组成和性质。通常按混合法则计算各参数的平均值作为参考。

燃气的总质量与燃气的摩尔数之比称为燃气的平均分子量。

(1) 混合气体的平均分子量可按下式计算：

$$M = \frac{1}{100} \times (y_1 M_1 + y_2 M_2 + \cdots\cdots + y_n M_n) \qquad (2\text{-}2)$$

式中　　　　　　　M——混合气体平均分子量；

y_1、y_2、$\cdots\cdots$、y_n——各单一气体容积成分，%；

M_1、M_2、$\cdots\cdots$、M_n——各单一气体分子量。

(2) 混合液体的平均分子量可按下式计算：

$$M = \frac{1}{100} \times (x_1 M_1 + x_2 M_2 + \cdots\cdots + x_n M_n) \qquad (2\text{-}3)$$

式中　　　　　　　M——混合液体平均分子量；

x_1、x_2、$\cdots\cdots$、x_n——各单一液体分子成分，%；

M_1、M_2、$\cdots\cdots$、M_n——各单一液体分子量。

4. 平均密度和相对密度

密度是指单位体积的物质所具有的质量。

（1）平均密度

单位体积的燃气所具有的质量称为燃气的平均密度，单位是 kg/m^3。

1）干燃气的平均密度：

$$\rho = \frac{1}{100}\sum y_i\rho_i \qquad (2-4)$$

式中　ρ——干燃气的平均密度，kg/m^3；

　　　ρ_i——燃气中各组分在标准状态时的密度，kg/m^3。

2）湿燃气的密度：

$$\rho_w = (\rho + d) \times \frac{0.833}{0.833 + d_g} \qquad (2-5)$$

式中　ρ_w——湿燃气的密度，kg/m^3；

　　　d_g——燃气的含湿量，kg/m^3 干燃气。

气体的密度随温度和压力的变化而改变：在温度一定的条件下，压力升高，气体体积会减小；在压力一定的条件下，温度升高，气体体积会增大。

3）混合液体的平均密度：

$$\rho = \frac{1}{100}\sum k_i\rho_i \qquad (2-6)$$

式中　ρ——混合液体的平均密度，kg/L；

　　　k_i——各单一液体容积成分，％；

　　　ρ_i——混合液体各组分的密度，kg/L。

（2）相对密度

混合气体的相对密度也称为比密度。混合气体的相对密度是指混合气体的平均密度与相同状态下空气密度的比值。

1）混合气体的相对密度（标准状态下），可按下式计算：

$$s = \frac{\rho}{1.293} \qquad (2-7)$$

式中 s——混合气体的相对密度（空气为1）；

1.293——标准状态下空气的密度，kg/m^3。

2）液体的相对密度

液体的相对密度是指液体的密度与水的密度的比值。4℃时水的密度（1kg/L）最大，因此，液体的平均密度可以近似认为与相对密度在数值上相等。

几种燃气的平均密度和相对密度如表 2-5 所示。

几种燃气的平均密度和相对密度　　　　表 2-5

燃气种类	平均密度（kg/m^3）	相对密度
天然气	0.75～0.85	0.58～0.65
焦炉煤气	0.4～0.5	0.3～0.4
液化石油气（气态）	1.9～2.5	1.5～2.0
液化石油气（液态，常温）	500～600	0.5～0.6

5. 临界参数与气体状态方程

（1）气体的临界参数

宏观上，当温度不超过某一数值时，对气体进行加压可以使气体液化；而在该温度以上，无论加多大的压力也不能使气体液化，这一温度就称为该气体的临界温度。在临界温度下，使气体液化所需要的压力称为临界压力；此时气体的各项参数称为临界参数。

每一种物质都有自己的临界参数，对于混合物，有时需要其平均临界参数作为参考。

混合气体的平均临界温度可按下式计算：

$$T_{mc} = \frac{1}{100} \times (y_1 T_{c1} + y_2 T_{c2} + \cdots\cdots + y_n T_{cn}) \qquad (2-8)$$

式中 T_{mc}——混合气体平均临界温度，K；

T_{c1}、T_{c2}、$\cdots\cdots$、T_{cn}——各单一气体临界温度，K。

混合气体的平均临界压力可按下式计算：

$$P_{mc} = \frac{1}{100} \times (y_1 P_{c1} + y_2 P_{c2} + \cdots\cdots + y_n P_{cn}) \qquad (2-9)$$

式中　　　　　　P_{mc}——混合气体平均临界压力，MPa；

P_{c1}、P_{c2}、……、P_{cn}——各单一气体临界压力，MPa。

混合气体的平均临界密度可按下式计算：

$$\rho_{mc} = \frac{1}{100} \times (y_1\rho_{c1} + y_2\rho_{c2} + \cdots\cdots + y_n\rho_{cn}) \qquad (2\text{-}10)$$

式中　　　　　　ρ_{mc}——混合气体平均临界密度，kg/m^3；

ρ_{c1}、ρ_{c2}、……、ρ_{cn}——各单一气体临界密度，kg/m^3。

临界参数是气体的重要物性指标：气体的临界温度越高，越容易液化。液化石油气中丙烷、丙烯的临界温度较高，只需在常温下加压即可使其液化；而天然气主要成分甲烷的临界温度低，因此天然气很难液化，需要将天然气温度降至其临界温度约—162℃以下，才能在常压下使其液化。

（2）实际气体状态方程

当气体的压力较高或温度较低时，如果仍然用理想气体（标准状态时）的状态方程进行计算，会造成较大误差。此时，应考虑气体分子本身占有的容积和分子之间的引力，对理想气体状态方程进行修正。就是说，当气体的状态与标准状态偏离较大时，应将气体视为实际气体。

实际气体状态方程可表示为：

$$pv = ZRT \qquad (2\text{-}11)$$

式中　p——气体的绝对压力，Pa；

　　　v——气体的比容，m^3/kg；

　　　Z——压缩因子，随气体的温度和压力而变化；

　　　R——气体常数，$J/(kg \cdot K)$；

　　　T——气体的热力学温度（也称绝对温度），K。

在工程上，当燃气的压力（表压）≤1MPa、温度在 10～20℃之间时，可以将该燃气近似地当作理想气体进行计算。

6. 黏度

物质的流动黏滞性用黏度来表示。黏度分为动力黏度和运动黏度。一般情况下，气体的黏度随温度的升高而增加，混合气体的动力黏度随压力的升高而增大，而运动黏度随压力的升高而减小；液体的黏度随温度的升高而降低，压力对液体的黏度影响不大。

（1）混合气体的动力黏度可按下式近似计算：

$$\mu = \frac{100}{\sum\left(\dfrac{g_i}{\mu_i}\right)} \tag{2-12}$$

式中　μ——混合气体的动力黏度，Pa·s；

　　　g_i——混合气体中各组分的质量成分，%；

　　　μ_i——混合气体中各组分的动力黏度，Pa·s。

（2）混合液体的动力黏度可按下式近似计算：

$$\mu = \frac{100}{\sum\left(\dfrac{x_i}{\mu_i}\right)} \tag{2-13}$$

式中　μ——混合液体的动力黏度，Pa·s；

　　　μ_i——混合液体中各组分的动力黏度，Pa·s；

　　　x_i——各单一液体的分子成分，%。

（3）混合气体和混合液体的运动黏度为：

$$\nu = \frac{\mu}{\rho} \tag{2-14}$$

式中　ν——流体的运动黏度，m^2/s；

　　　μ——相应流体的动力黏度，Pa·s；

　　　ρ——流体的密度，kg/m^3。

7. 饱和蒸气压和相平衡常数

（1）饱和蒸气压

液态烃的饱和蒸气压，简称为蒸气压，是指在一定温度下、密闭容器中的液体及其蒸气处于动态平衡时，蒸气所呈现的绝对压力。

同种液体的蒸气压与容器的大小及其中的液量多少无关，仅取决于温度。

液态烃的饱和蒸气压随温度的升高而增大。

1) 单一液体的蒸气压

某些低碳烃的蒸气压与温度的关系如表 2-6 所示。

某些低碳烃的蒸气压与温度的关系　　　　表 2-6

温度(℃)	蒸气压(10^5Pa)							
	乙烷	乙烯	丙烷	丙烯	异丁烷	正丁烷	丁烯-1	正戊烷
−45	6.55	12.28	0.88	1.23	—			
−40	7.71	14.32	1.09	1.50	—			
−35	9.02	16.60	1.34	1.80	—			
−30	10.50	19.12	1.64	2.16	—			
−25	12.15	21.92	1.97	2.59	—			
−20	14.00	24.98	2.36	3.08	—			
−15	16.04	28.33	2.85	3.62	0.88	0.56	0.70	
−10	18.31	31.99	3.38	4.23	1.07	0.68	0.86	
−5	20.81	35.96	3.99	4.97	1.28	0.84	1.05	
0	23.55	40.25	4.66	5.75	1.53	1.02	1.27	0.24
5	25.55	44.88	5.43	6.65	1.82	1.23	1.52	0.30
10	29.82	50.00	6.29	7.65	2.15	1.46	1.82	0.37
15	33.36	—	7.25	8.74	2.52	1.74	2.15	0.46
20	37.21	—	8.33	9.92	2.94	2.05	2.52	0.58
25	41.37	—	9.51	11.32	3.41	2.40	2.95	0.67
30	45.85	—	10.80	12.80	3.94	2.80	3.43	0.81
35	48.89	—	12.26	14.44	4.52	3.24	3.96	0.96
40	—	—	13.82	16.23	5.13	3.74	4.56	1.14
45	—	—	15.52	18.17	5.90	4.29	5.22	1.34

2) 混合液体的蒸气压

在一定温度下，当密闭容器中的混合液体及其蒸气处于动态平衡时，根据道尔顿定律，混合液体的蒸气压等于各组分蒸气分压力之和；根据拉乌尔定律，各组分蒸气分压力等于此纯组分在该温度下的蒸气压乘以其在混合液体中的分子成分。混合液体的蒸气压可由下式计算：

$$P = \sum P_i = \sum x_i P_i'$$ (2-15)

式中　P——混合液体的蒸气压，Pa；

　　　P_i——混合液体中某一组分的蒸气分压，Pa；

　　　x_i——混合液体中该组分的分子成分，%；

　　　P_i'——该组分在同温度下的蒸气压，Pa。

根据混合气体分压定律，各组分的蒸气分压为：

$$P_i = y_i P$$ (2-16)

式中　y_i——该组分在气相中的分子成分（等于其容积成分），%。

（2）相平衡常数

在某一温度下的密闭容器中，一定组成的气液平衡系统中某组分在该温度下的蒸气压 P_i' 与混合液体蒸气压 P 的比值是一个常数 k_i；该组分在气相中的分子成分 y_i 与其在液相中的分子成分 x_i 的比值，同样是这一常数 k_i。该常数称为相平衡常数。即：

$$\frac{P_i'}{P} = \frac{y_i}{x_i} = k_i$$ (2-17)

式中　k_i——相平衡常数。

8. 沸点、露点和含湿量

（1）沸点

当液体的温度升高至其沸腾时，这一温度称为沸点。在沸腾的过程中，液体吸收热量，不断气化，但其温度保持在沸点温度，并不升高。

不同物质的沸点是不同的，同一物质的沸点随压力的改变而改变：压力升高时，其沸点也升高；压力降低时，其沸点也降低。

通常所说物质的沸点，是指一个大气压下液体沸腾时的温度。

显然，液体的沸点越低，越容易沸腾和气化；沸点越高，越难沸腾和气化。比如，在一个大气压下，甲烷的沸点为−162℃。所以，在常压下，甲烷是气态的；要使甲烷变为液态，需要将其温度降至−162℃以下。而常压下丙烷的沸点为−42℃，因此，液态丙烷即使在寒冷的天气里，也可以自然气化。

（2）露点

饱和蒸气经冷却或加压，立即处于过饱和状态，当遇到接触面或冷凝核便液化成露，这时的温度称为露点。燃气露点与碳氢化合物的性质及其压力有关。

在输送气态碳氢化合物的管道中，应避免出现工作温度低于其中任意一种碳氢化合物露点温度的情况，以免产生凝析液。凝析液聚集在管道低洼处会使管道流通面积减小，甚至堵塞管道。

（3）含湿量

燃气中所含有的水分的质量，称为燃气的含湿量。一般用每立方米干燃气中含有多少克水来表示。城镇燃气中，人工煤气的含湿量通常在 $0.003kg/m^3$ 左右，天然气和液化石油气中要求不含水。

9. 体积膨胀系数

大多数物质都具有热胀冷缩的性质。液体由于温度上升而引起的体积增大称为体积膨胀或容积膨胀。需要注意的是，液体发生容积膨胀时仍然是液体状态，并没有气化。

通常将温度每升高 1℃，液体体积增加的倍数称为液体的体积膨胀系数。部分液态碳氢化合物和水的体积膨胀系数如表 2-7 所示。

部分液态碳氢化合物和水的体积膨胀系数　　表 2-7

名称	温度范围(℃)				
	−20～0	0～10	10～20	20～30	30～40
乙烷	0.00436	0.00495	0.01063	0.03309	—
乙烯	0.00454	0.00674	0.00879	0.01357	—
丙烷	0.00246	0.00265	0.00258	0.00352	0.00340
丙烯	0.00254	0.00283	0.00313	0.00329	0.00354
水	—	0.0000299	0.0001400	0.0002600	0.0003500

可见，液态液化石油气的容积膨胀系数很大，大约比水大 16 倍。因此，在液化石油气储罐及钢瓶灌装时，必须考虑环境温度升高导致的液体体积的增大。因此，存放液化石油气的容器不能装

满，必须要留有一定的液体膨胀空间。

1）对于单一液体

利用体积膨胀系数可用下式计算出单一液体温度变化时的体积变化值。

$$V_2 = V_1 [1 + \beta(t_2 - t_1)] \tag{2-18}$$

式中　V_1——单一液体温度为 t_1 时的体积，m^3；

　　　V_2——单一液体温度为 t_2 时的体积，m^3；

　　　β——该液体在 t_1 至 t_2 温度范围内的体积膨胀系数平均值。

2）对于混合液体

混合液体在温度变化后，其体积可按下式计算：

$$V_2 = V_1 \sum k_i [1 + \beta_i(t_2 - t_1)] \tag{2-19}$$

式中　V_1——混合液体温度为 t_1 时的体积，m^3；

　　　V_2——混合液体温度为 t_2 时的体积，m^3；

　　　β_i——混合液体各组分在 t_1 至 t_2 温度范围内的容积膨胀系数平均值；

　　　k_i——温度为 t_1 时，混合液体各组分的容积成分，%。

10. 水化物（也称水合物）

如果碳氢化合物中的水分过多，在一定的温度和压力条件下，水能与液相或气相的碳氢化合物生成结晶的水化物（$C_m H_n \cdot x H_2 O$），即 1 个碳氢化合物分子会和若干个水分子聚合存在。对于甲烷 $x = 6 \sim 7$，乙烷 $x = 6$，丙烷和异丁烷 $x = 17$。水化物聚集状态下为类似于冰或致密的雪的结晶体，颜色多为白色或带铁锈色。水化物是不稳定的结合物，当压力降低或温度升高时，可自动分解。

在输送含水燃气的管道或设备中，一旦形成水化物，会造成管道流通面减小、阻塞，俗称"冰堵"。如果不能及时处理，可能引发事故。因此，输气管道应采取措施，防止水化物的形成。

湿燃气中形成水化物的主要原因是燃气处于高压力或低温状

态；次要原因是燃气中含有杂质，燃气的流动状态为高速、紊流、脉动等。

防止湿燃气在输送过程中形成水化物的方法有：对燃气中的水分加以控制，降低燃气的含湿量；适当降低管道输送压力、提高输气温度；还可以在燃气中加入防冻剂。

2.2.2　燃气的热力与燃烧特性

1. 比热容

单位数量的物质温度升高 1K（或℃）所吸收的热量称为该物质的比热容。表示物体数量的单位不同，比热容的单位也不同。相应于 1kg、1m^3、1kmol 物质，有质量比热容、容积比热容和摩尔比热容之分。气体的这三种比热可以相互换算。

$$c = \frac{c'}{\rho_0} = \frac{c''}{M} \qquad (2\text{-}20)$$

$$c' = c\rho_0 = \frac{c''}{V_M} \qquad (2\text{-}21)$$

$$c'' = cM = c'V_M \qquad (2\text{-}22)$$

式中　c——气体的质量比热容，kJ/(kg·K)；

　　　c'——气体的容积比热容，kJ/(m^3·K)；

　　　c''——气体的摩尔比热容，kJ/(kmol·K)；

　　　ρ_0——标准状态下气体的密度，kg/m^3；

　　　M——气体的分子量；

　　　V_M——气体的摩尔容积，m^3/kmol。

（1）影响比热容的因素

1）比热容与物质的性质有关。

不同性质的物质，由于它们的分子量、分子结构不同，因而比热容也不同。

2）比热容与物质的变化过程特性有关。

当加热（或放热）过程是在容积不变的条件下进行时，此过程的比热容称为定容比热容，记为 c_v。当加热（或放热）过程是在压力不变的条件下进行时，此过程的比热容称为定压比热容，记为 c_p。

对同样质量的气体，升高同样的温度，在定压过程中所需吸收的热量比定容过程多，因此气体的定压比热容比定容比热容大。通常，越易膨胀的物质，这种差别就越大。对液体来说，定压比热容与定容比热容相差很小，实际应用时可以不作区分。

理想气体的定压摩尔比热容和定容摩尔比热容近似关系见表 2-8。

理想气体的定压摩尔比热容和定容摩尔比热容近似关系 表 2-8

气体种类	定容摩尔比热容 c_v''[kJ/(kmol・K)]	定压摩尔比热容 c_p''[kJ/(kmol・K)]
单原子分子	13	21
双原子分子	21	29
多原子分子	29	37

由表 2-8 可见，对于同类气体：

$$c_p'' - c_v'' \approx 8kJ/(kmol・K)$$

对纯组分理想气体，定压质量比热容按下述方程拟合：

$$c_p = B_i + 2C_i T + 3D_i T^2 + 4E_i T^3 + 5F_i T^4 \tag{2-23}$$

式中，B_i、C_i、D_i、E_i、F_i 取值见表 2-14。

通常用式(2-24)、式(2-25)、式(2-26)表示理想气体定压比热容与定容比热容之间的关系：

$$c_p - c_v = R \tag{2-24}$$

$$c_p'' - c_v'' = MR = R_0 \tag{2-25}$$

$$c_p' - c_v' = \rho_0(c_p - c_v) = \rho_0 R = \frac{MR}{Mv} = \frac{8.314}{22.4} = 0.37kJ/(m^3・K) \tag{2-26}$$

式中　c_p、c_v——气体的定压质量比热容和定容质量比热容，kJ/(kg・K)；

c_p''、c_v''——气体的定压摩尔比热容和定容摩尔比热容，kJ/

$(kmol \cdot K)$；

c_p'、c_v'——气体的定压容积比热容和定容容积比热容，$kJ/$
$(m^3 \cdot K)$；

R——气体常数，$J/(kg \cdot K)$；

R_0——通用气体常数，$kJ/(kmol \cdot K)$。

在工程计算中，常常需要用到定压比热容与定容比热容的比值——绝热指数。

$$k = \frac{c_p}{c_v} \qquad (2-27)$$

式中　k——绝热指数。

对于理想气体，绝热指数 k 是常数，由气体性质而定：单原子气体 $k=1.5$，双原子气体 $k=1.4$，多原子气体 $k=1.29$。对于实际气体，绝热指数 k 是温度的函数。101325Pa 大气压力下部分烃类的绝热指数如表 2-9 所示。

101325Pa 大气压力下部分烃类的绝热指数　　表 2-9

名称	温度(℃)					
	0	100	200	300	400	500
甲烷	1.32	1.27	1.23	1.19	1.17	1.15
乙烷	1.20	1.15	1.13	1.11	1.10	1.09
丙烷	1.14	1.10	1.09	1.08	1.07	1.06
正丁烷	1.10	1.08	1.07	1.06	1.05	1.04
乙烯	1.26	1.19	1.16	1.14	1.12	1.11
丙烯	1.16	1.12	1.10	1.09	1.08	1.07

3）实际气体的比热容与物质的温度、压力有关；理想气体及液体的比热容与压力无关，仅随温度的升高而增大。

理想气体的定压摩尔比热容，可以近似地用下述实验公式计算：

$$c_p'' = a + bT + cT^2 \qquad (2-28)$$

式中　T——气体的绝对温度，K；

a，b，c——随气体性质而异的温度系数，如表 2-10 所示。

温度系数 a、b、c（适用于 25～1200℃）　　　表 2-10

名称	a	$b \times 10^3$	$c \times 10^6$
甲烷	3.381	18.044	−4.300
乙烷	2.247	38.201	−11.094
乙烯	2.830	28.601	−8.726
丙烷	2.410	57.195	−17.533
丙烯	3.253	45.116	−13.740
正丁烷	4.453	72.270	−22.214
异丁烷	3.332	75.214	−23.384
丁烯-1	5.132	61.760	−19.322
异丁烯	5.331	60.240	−18.470
正戊烷	5.910	88.449	−27.388
异戊烷	4.816	91.585	−28.962

实际气体在一定压力下膨胀时，不但对外做功，还要抵抗分子间的作用力做功，这就必然消耗较多的能量。因此，实际气体的比热容是温度与压力的函数。当压力较低时采用式（2-28）误差较小；当压力大于 3500Pa 时，必须加以修正。校正后的定压比热容按下式计算：

$$c''_{pr} = c''_p + \Delta c_p \tag{2-29}$$

式中　c''_{pr}——实际气体定压摩尔比热容，kJ/(kmol·K)；

　　　c''_p——理想气体定压摩尔比热容，kJ/(kmol·K)；

　　　Δc_p——定压比热容修正值，由图 2-1 查得。

在工程计算中，比热容又分为真实比热容与平均比热容。相应于某温度下的比热容称为真实比热容；而实际应用时多采用某个温度范围内的平均值，称为平均比热容。

（2）混合气体的比热容

气态碳氢化物在 0～101325Pa 压力下，某些烃类 0℃时的真实比热容及 0～100℃范围内的平均比热容如表 2-11 所示。

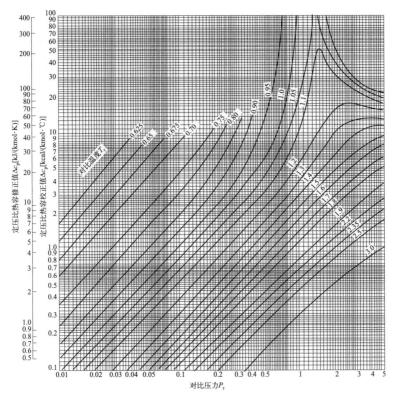

图 2-1 定压比热容修正值

某些烃类 0℃时的真实比热容及 0～100℃范围内的平均比热容

表 2-11

气体	温度(℃)	定压摩尔比热容 c_p'' [kJ/(kmol·℃)]		定容摩尔比热容 c_v'' [kJ/(kmol·℃)]		定压质量比热容 c_p[kJ/(kg·℃)]		定压容积比热容 c_p' [kJ/(m³·℃)]	
		真实比热容	平均比热容	真实比热容	平均比热容	真实比热容	平均比热容	真实比热容	平均比热容
甲烷	0	34.74	36.80	26.42	28.49	2.17	2.29	1.55	1.64
	100	39.28		30.97		2.45		1.75	
乙烷	0	49.53	55.92	41.21	47.60	1.65	1.86	2.21	2.50
	100	62.17		53.85		2.07		2.77	

气体	温度(℃)	定压摩尔比热容 c_p'' [kJ/(kmol·℃)]		定容摩尔比热容 c_v'' [kJ/(kmol·℃)]		定压质量比热容 c_p[kJ/(kg·℃)]		定压容积比热容 c_p' [kJ/(m³·℃)]	
		真实比热容	平均比热容	真实比热容	平均比热容	真实比热容	平均比热容	真实比热容	平均比热容
丙烷	0	68.33	78.67	60.00	70.34	1.55	1.78	3.05	3.51
	100	88.93		80.60		2.02		3.97	
正丁烷	0	92.53	105.47	84.20	97.13	1.59	1.81	4.13	4.70
	100	117.82		109.48		2.03		5.26	
正戊烷	0	114.93	130.80	106.60	122.46	1.59	1.81	5.13	5.84
	100	146.08		137.75		2.02		6.52	
乙烯	0	40.95	46.22	32.62	37.89	1.58	1.74	1.83	2.06
	100	51.25		42.91		1.89		2.29	
丙烯	0	60.0	68.33	51.67	60.0	1.48	1.65	1.23	1.38
	100	75.74		67.41		1.82		1.43	
丁烯	0	83.23	95.29	74.90	86.96	2.08	1.91	3.71	4.25
	100	106.81		98.47		1.73		4.74	

0~101325Pa 压力下，某些气态烃类的真实摩尔比热容如图 2-2 所示。

当已知混合气体的容积成分时，可按下式计算其容积比热容：

$$c' = \sum r_i c_i'$$ (2-30)

式中　c'——混合气体的容积比热容，kJ/(m³·K)；

　　　r_i——混合气体各组分的容积成分；

　　　c_i'——混合气体各组分的容积比热容，kJ/(m³·K)。

当已知混合气体的质量成分，可按下式计算其质量比热容：

$$c = \sum g_i c_i$$ (2-31)

式中　c——混合气体的质量比热容，kJ/(kg·K)；

　　　g_i——混合气体各组分的质量成分；

　　　c_i——混合气体各级分的质量比热容，kJ/(kg·K)。

混合气体的绝热指数可按下式计算：

$$k = \sum r_i k_i$$ (2-32)

式中　k——混合气体的绝热指数；

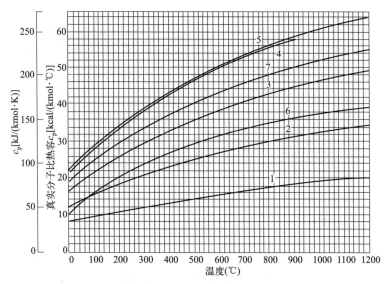

图 2-2　某些气态烃类的真实摩尔比热容
1—甲烷；2—乙烷；3—丙烷；4—异丁烷；5—正丁烷；6—丙烯；7—丁烯

r_i——混合气体各组分的容积成分；

k_i——混合气体各组分的绝热指数。

（3）混合液体的比热容

某些液态碳氢化合物的质量比热容如表 2-12 所示。

液态碳氢化合物的质量比热容 [kJ/(kg·℃)]　表 2-12

甲烷		乙烷		丙烷		正丁烷		异丁烷		正戊烷	
温度（℃）	比热容	温度（℃）	比热容	温度（℃）	比热容	温度（℃）	比热容	温度（℃）	比热容	温度（℃）	比热容
−95.1	5.46	−93.1	2.98	−42.1	2.22	−23.1	2.20	−28,12	2.17	−28.6	2.12
−88.7	6.82	−33.1	3.30	0.0	2.34	−11.3	2.23	−16.14	2.21	+5.92	2.28
		−31.0	3.48	+20.0	2.51	−3.1	2.28				
				+40.0	2.68	0.0	2.30				
						+20.0	2.43				
						+40.0	2.57				

异戊烷		乙烯		丙烯		丁烯-1		顺丁烯-2		反丁烯-2	
温度 (℃)	比热容	温度 (℃)	比热容	温度 (℃)	比热容	温度 (℃)	比热容	温度 (℃)	比热容	温度 (℃)	比热容
−24.8	2.07			−104.2	2.08			−103.2	1.98		
−12.8	2.17	−121.3	2.40	−71.4	2.14	−109.9	1.90	−23.16	2.08	−97.16	1.97
+24.6	2.28	−103.1	2.41	−62.8	2.14	−25.36	2.10	−3.16	2.14	−19.56	2.15
				−49.7	2.18	−19.76	2.13	+11.84	2.19	−13.6	2.18
								+25.0	2.25		

当计算精度要求不高时，液体比热容与温度的关系可用下式计算：

$$c_p = c_{p_0} + a \cdot t \qquad (2\text{-}33)$$

式中　c_p——温度为 t℃时液体的定压比热容，kJ/(kg·℃)；

c_{p_0}——温度为 0℃时液体的定压比热容，kJ/(kg·℃)；

a——温度系数。

丙烷、正丁烷和异丁烷的温度系数 a 值如表 2-13 所示。

液态烷烃的温度系数　　　　表 2-13

名称	$a \times 10^3$	$C_{p0}[\text{kJ}/(\text{kg} \cdot ℃)]$	适用温度范围(℃)
丙烷	1.51	0.576	−30～+20
正丁烷	1.91	0.550	−15～+20
异丁烷	1.54	0.550	

液态烷烃、烯烃的比热容如图 2-3 所示。

混合液体的比热容可按下式计算：

$$c = \sum g_i c_i \qquad (2\text{-}34)$$

式中　c——混合液体的质量比热容，kJ/(kg·K)；

g_i——混合液体各组分的质量成分；

c_i——混合液体各组分的质量比热容，kJ/(kg·K)。

2. 焓

焓是物质的状态参数，但不能直接测量。为计算状态发生变化

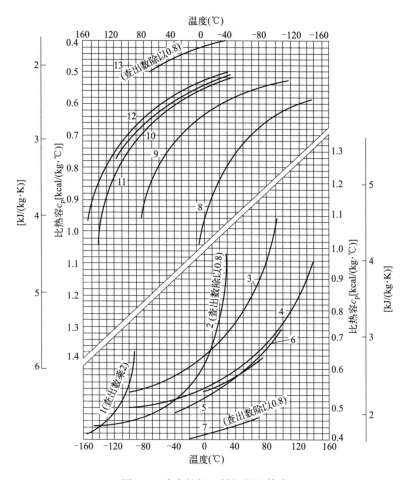

图 2-3　液态烷烃、烯烃的比热容

1—甲烷；2—乙烷；3—丙烷；4—正丁烷；5—异丁烷；6—正戊烷；7—异戊烷；
8—丁烯；9—丙烯；10—丁烯-1；11—顺丁烯-2；12—反丁烯-2；13—异丁烯

时焓的变化情况，需将焓的微小变量与可测量状态参数联系起来，即建立起以可测量状态参数为独立变量的焓函数。

将气体内能和体积与压力乘积之和称为气体的焓。焓是气体的一个热力学状态参数，随状态变化而变化，它的变化与过程无关，仅决定于初始与终了状态。

在工程计算中，一般用焓差表示物质被加热或冷却时的热量变化。焓的零基准是人为规定的一个参考点，理论上可以任意选取，但通常以某一状态或某一物质的特性来规定。

（1）理想气体的焓

燃气中常见纯组分理想气体状态的焓（h^0）如图 2-4 所示。

对理想气体单组分焓 h_i^0 可按下列多项式计算。

$$h_i^0 = A_i + B_i T + C_i T^2 + D_i T^3 + E_i T^4 + F_i T^5 \qquad (2\text{-}35)$$

式中　　　　　　　　　　h_i^0——第 i 组分理想气体的焓，kJ/kg；

　　　　　　　　　　　　T——气体温度，K；

A_i、B_i、C_i、D_i、E_i、F_i——i 组分常数。

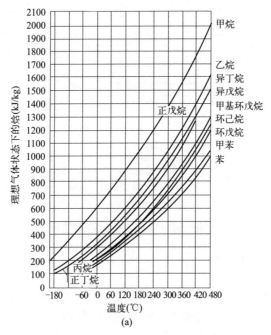

图 2-4　纯组分理想气体的焓（一）

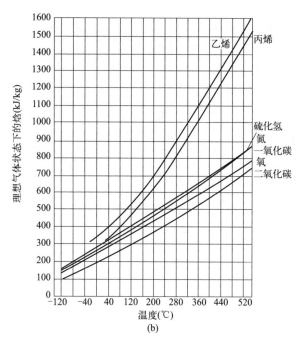

图 2-4 纯组分理想气体的焓（二）

《API（美国石油学会）技术数据手册》（API TECHNICAL DATA BOOK）中给出了常见烃类及非烃类气体的常数值。对非烃类气体焓的零点取绝对温度和绝对压力都为零的状态。而对烃类气体焓若选用该基准时，液态焓常为负值。为避免这种情况，在《API（美国石油学会）技术数据手册》中烃类组分焓的基准温度取 $-129℃$，此时饱和液态的焓为零。A_i、B_i、C_i、D_i、E_i、F_i 取值如表 2-14 所示。

对于混合理想气体，焓值按下式计算

$$h^0 = \sum_i m_i h_i^0 \tag{2-36}$$

式中 h^0——混合气体的焓，kJ/kg；

      m_i——混合物中气体 i 组分摩尔分数。

天然气主要成分计算常数

表 2-14

名称	分子式	A	B	$C \times 10^4$	$D \times 10^7$	$E \times 10^{11}$	$F \times 10^{14}$	G
甲烷	CH_4	135.84210	2.39360	-22.18010	57.40220	-372.79050	85.49650	2.84702
乙烷	C_2H_6	379.27660	1.10900	-1.88510	39.65580	-314.02090	80.08190	5.18269
丙烷	C_3H_8	385.47360	0.72270	7.08720	29.23900	-261.50710	70.00550	5.47646
异丁烷	$i\text{-}C_4H_{10}$	377.00060	0.19550	25.23140	1.95650	-77.26150	23.86090	5.90166
正丁烷	$n\text{-}C_4H_{10}$	382.49680	0.41270	20.28600	7.02950	-102.58710	28.83390	6.65339
异戊烷	$i\text{-}C_5H_{12}$	393.13190	-0.13190	35.41160	-13.33230	25.14630	-1.29590	7.26208
正戊烷	$n\text{-}C_5H_{12}$	403.47010	-0.01170	33.16500	-11.70510	19.96480	0.86650	7.75977
己烷	C_6H_{14}	309.80900	0.95920	-6.14720	61.42100	-616.09520	208.68190	2.97976
庚烷	C_7H_{16}	312.03960	0.75450	2.61730	43.66360	-448.45110	148.42100	3.56685
辛烷	C_8H_{18}	303.71240	0.72470	3.67850	41.42830	-424.01980	137.34060	3.51439
壬烷	C_9H_{20}	294.74140	0.70780	4.38050	39.69340	-404.31580	128.75950	3.44406
癸烷	$C_{10}H_{22}$	275.45210	0.85140	-2.63040	55.21820	-563.17320	188.85450	2.77435
氮	N_2	-2.17250	1.06850	-1.34100	-2.15570	-7.86320	0.69851	4.99221
氧	O_2	-2.28360	0.95240	-2.81140	6.55220	-45.23160	10.87740	5.26711
氢	H_2	28.67200	13.39620	29.60130	-39.80750	266.16670	-60.99860	-8.61451
氦	He	0	5.20000	0	0	0	0	0
一氧化碳	CO	-2.269180	1.07401	-1.72664	3.02237	-13.75326	2.00365	5.20525
二氧化碳	CO_2	11.11370	0.47910	7.62160	-3.59390	8.47440	-0.57752	5.09598
硫化氢	H_2S	-1.43710	0.99890	-1.84320	5.57090	-31.77340	6.36644	4.58161
水蒸气	H_2O	-5.72992	1.91501	-3.95741	8.76231	-49.50858	10.38613	3.88962

（2）实际气体的焓

实际气体的焓可通过计算或查相应图表的方法得到。

1）计算法

由热力学关系可得出：

$$h = h^0 + \int_0^P \left[v - T \left(\frac{\partial v}{\partial T} \right)_P \right] dP \tag{2-37}$$

$$h = h^0 + \frac{P}{\rho} - RT + \int_0^\rho \left[P - T \left(\frac{\partial P}{\partial T} \right)_\rho \right] \frac{d\rho}{\rho^2} \tag{2-38}$$

将实际气体状态方程代入式（2-37）或式（2-38），可以得到计算实际气体焓的关系式，如将 $SHBWR$ 气体状态方程代入式（2-37）可以计算得：

$$h = h^0 + \left(B_0 RT - 2A_0 - \frac{4C_0}{T^2} + \frac{5D_0}{T^3} - \frac{6E_0}{T^4} \right) \rho + \frac{1}{2} \left(2bRT - 3a - \frac{4d}{T} \right) \rho^2$$

$$+ \frac{1}{5} a \left(6a + \frac{7d}{T} \right) \rho^5 + \frac{c}{\gamma T^2} \left[3 - \left(3 + \frac{\gamma \rho^2}{2} - \gamma^2 \rho^4 \right) \exp(-\gamma \rho^2) \right] \tag{2-39}$$

式中　B_0、A_0、C_0、D_0、E_0、a、b、c、d、α、γ——经验常数，与纯物质的种类有关。

P——系统压力，kPa；

T——系统温度，K；

ρ——气体密度，kg/m^3；

R——气体常数，$kJ/(kg \cdot K)$。

2）查图法

由热力学关系可得到：

$$\left(\frac{h^0 - h}{T_{cm} R} \right)_T = \left[T_{rm}^2 \int_0^P \left(\frac{\partial Z}{\partial T_{rm}} \right)_{p_{rm}} d(\ln p_{rm}) \right] \tag{2-40}$$

式中　T_{cm}——气体拟临界温度，K；

T_{rm}——气体拟对比温度；

p_{rm}——气体拟对比压力；

R——气体常数，$8.314 kJ/(kmol \cdot K)$；

Z——气体压缩因子。

利用通用压缩因子图上的数据，通过图解积分可以得出式(2-40)右式积分的数值，并可得到通用焓修正图 2-5。根据拟对比压力和拟对比温度查图可得到$(h^0-h)/(T_{cm}R)$，继而可计算实际气体的焓。

$$h = h^0 - T_{cm}R\left(\frac{h^0-h}{T_{cm}R}\right) \tag{2-41}$$

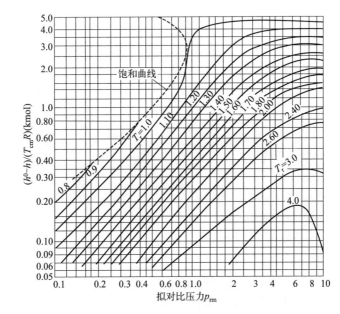

图 2-5　实际气体焓的修正值

3. 气化潜热

单位数量的物质由液态变成与之处于平衡状态的蒸气所吸收的热量称为该物质的气化潜热。反之，由蒸气变为与之处于平衡状态液体时所放出的热量为该物质的凝结热。同种物质，在同一状态时，气化潜热与凝结热是同一数值，其实质为饱和蒸气与饱和液体的焓差。

4. 燃气的热值

热值是指单位数量的物质完全燃烧时所放出的全部热量。

　　燃气的热值分为高热值和低热值。高热值是指单位数量的燃气完全燃烧后，其燃烧产物与周围环境恢复到燃烧前的原始温度，烟气中的水蒸气凝结成同温度的水后所放出的全部热量。低热值则是指在上述条件下，烟气中的水蒸气仍以蒸气状态存在时，所获得的热量。

　　干燃气的高低热值分别按以下方法计算。

$$H_s = \frac{1}{100} \times (y_1 H_{s1} + y_2 H_{s2} + \cdots\cdots + y_n H_{sn}) \qquad (2\text{-}42)$$

$$H_i = \frac{1}{100} \times (y_1 H_{i1} + y_2 H_{i2} + \cdots\cdots + y_n H_{in}) \qquad (2\text{-}43)$$

式中　　　　　　　　H_s——干燃气的高热值，MJ/m^3 干燃气；

　　　　　　　　　　H_i——干燃气的低热值，MJ/m^3 干燃气；

y_1、y_2、$\cdots\cdots$、y_n——各单一气体容积成分，%；

H_{s1}、H_{s2}、$\cdots\cdots$、H_{sn}——各单一气体的高热值，MJ/m^3；

H_{i1}、H_{i2}、$\cdots\cdots$、H_{in}——各单一气体的低热值，MJ/m^3。

　　湿燃气与干燃气的热值换算关系为：

$$H_s^w = (H_s + 2352 d_g) \frac{0.833}{0.833 + d_g} \qquad (2\text{-}44)$$

$$H_i^w = H_i \frac{0.833}{0.833 + d_g} \qquad (2\text{-}45)$$

式中　　H_s^w——湿燃气的高热值，MJ/m^3 湿燃气；

　　　　H_i^w——湿燃气的低热值，MJ/m^3 湿燃气；

　　　　d_g——燃气的含湿量，kg/m^3 干燃气。

　　在实际应用中，燃气在燃烧以后，烟气中的水蒸气通常是以气体状态排出的，可被利用的只有燃气的低热值。因此，在不对燃气的燃烧产物做特殊处理时，通常以燃气的低热值作为计算依据。

5. 着火温度与燃烧温度

（1）着火温度

　　燃气可以开始燃烧时的温度称为着火温度。不同气体的着火温度是不同的。一般可燃气体在空气中的着火温度比在纯氧中高

50～100℃。

着火温度并不是一个固定的数值，它与可燃气体在空气中的浓度、与空气的混合程度、燃气的压力、燃烧空间的形状及大小等许多因素有关。气体参数表格中给出的着火温度只是参考值，在工程上，实际的着火温度应由实验测定。要避免燃气被点燃，应确保燃气温度远低于其着火温度。

（2）燃烧温度

燃气燃烧所放出的热量加热燃烧产物（烟气），使之能达到的温度称为燃气的燃烧温度。它由燃烧过程的热量平衡决定。

一定比例的燃气和空气进入燃烧空间燃烧，它们带入的热量包括两部分：①由燃气和空气带入的物理热（燃气和空气的焓 I_g 和 I_a）；②燃气的化学热（热值 H_i）。而热平衡的支出项包括：①烟气带走的物理热（烟气的焓 I_f）；②向周围介质散失的热量 Q_2；③由于不完全燃烧而损失的热量 Q_3；④烟气中的 CO_2 和 H_2O 在高温下分解所消耗的热量 Q_4。由此可列出燃气燃烧过程的热平衡方程：

$$H_i + I_g + I_a = I_f + Q_2 + Q_3 + Q_4 \tag{2-46}$$

式中　H_i——燃气的低热值，kJ/m^3；

　　　I_g——燃气的物理热，kJ/m^3；

　　　I_a——$1m^3$ 燃气完全燃烧时由空气带入的物理热，kJ/m^3；

　　　I_f——$1m^3$ 燃气完全燃烧后所产生的烟气的焓，kJ/m^3。

其中：
$$I_g = (c_g + 1.2c_{H_2O}d_g)t_g \tag{2-47}$$
$$I_a = \alpha V_0(c_a + 1.20c_{H_2O}d_a)t_a \tag{2-48}$$
$$I_f = (V_{RO_2}c_{RO_2} + V_{H_2O}c_{H_2O} + V_{N_2}c_{N_2} + V_{O_2}c_{O_2})t_f \tag{2-49}$$

式中　c_g、c_{H_2O}、c_a、c_{RO_2}、c_{N_2}、c_{O_2}——燃气、水、空气、三原子气体、氮气和氧气在 $0\sim t_f$（℃）的平均定压容积比热容，$kJ/(m^3 \cdot K)$；

　　　t_g、t_a、t_f——燃气、空气、烟气的温度，℃；

　　　V_{RO_2}、V_{H_2O}、V_{N_2}、V_{O_2}——$1m^3$ 燃气完全燃烧后所产生的三原子气体、水蒸气、氮气、氧气的体积，m^3/m^3。

由此可以得到烟气温度：

$$t_f = \frac{H_i + (c_g + 1.20 c_{H_2O} d_g) t_g + \alpha V_0 (c_a + 1.20 c_{H_2O} d_a) t_a - Q_2 - Q_3 - Q_4}{V_{RO_2} c_{RO_2} + V_{H_2O} c_{H_2O} + V_{N_2} c_{N_2} + V_{O_2} c_{O_2}}$$

$$(2-50)$$

以上 t_f 即为燃气的实际燃烧温度 t_{act}。可见其影响因素很多，很难精确地计算。

为了比较燃气在不同条件下的热力特性，假设出多种简化了的热平衡条件，从而得到不同定义的燃烧温度。

1）热量计温度 t_c　假设燃烧过程在绝热条件下（$Q_2 = 0$）进行，且完全燃烧（$Q_3 = 0$），忽略烟气成分的高温分解（$Q_4 = 0$），由燃气和空气带入的全部热量完全用于加热烟气本身，这时烟气所能达到的温度称为热量计温度 t_c，即：

$$t_c = \frac{H_i + (c_g + 1.20 c_{H_2O} d_g) t_g + \alpha V_0 (c_a + 1.20 c_{H_2O} d_a) t_a}{V_{RO_2} c_{RO_2} + V_{H_2O} c_{H_2O} + V_{N_2} c_{N_2} + V_{O_2} c_{O_2}}$$

$$(2-51)$$

2）燃烧热量温度 t_{ther}　在上述 1）的假设条件下，若不计燃气和空气带入的物理热（$I_g = I_a = 0$），并且假设 $\alpha = 1$，得到的烟气温度称为燃烧热量温度 t_{ther}，即：

$$t_{ther} = \frac{H_i}{V_{RO_2} c_{RO_2} + V_{H_2O} c_{H_2O} + V_{N_2} c_{N_2} + V_{O_2} c_{O_2}}$$

$$(2-52)$$

可见，t_{ther} 只与燃气组成有关，即只取决于燃气性质，所以它是燃气的热工特性之一，是从燃烧温度的角度评价燃气性质的一个指标。

3）理论燃烧温度 t_{th}　在绝热且完全燃烧的条件下，所得到的烟气温度称为理论燃烧温度 t_{th}，即：

$$t_{th} = \frac{H_i + (c_g + 1.20 c_{H_2O} d_g) t_g + \alpha V_0 (c_a + 1.20 c_{H_2O} d_a) t_a - Q_4}{V_{RO_2} c_{RO_2} + V_{H_2O} c_{H_2O} + V_{N_2} c_{N_2} + V_{O_2} c_{O_2}}$$

$$(2-53)$$

t_{th} 是燃气燃烧过程控制的一个重要指标。它表明某种燃气在一定条件下燃烧，其烟气所能达到的最高温度。

4）实际燃烧温度 t_{act}　　实际燃烧温度与理论燃烧温度的差值随工艺过程和炉窑结构的不同而不同，很难精确地计算出来。人们根据长期的实践经验，得出了实际燃烧温度的经验公式：

$$t_{act} = \mu \cdot t_{th} \tag{2-54}$$

式中　μ——高温系数。

对于一般燃气工业炉窑可取 $\mu = 0.65 \sim 0.85$；无焰燃烧器的火道可取 $\mu = 0.9$。

6. 爆炸极限

燃气与空气或氧气混合达到一定的浓度，就会形成有爆炸危险的混合气体。这种气体一旦遇到点火源即可能发生爆炸。在可燃气体和空气的混合物中，可燃气体的含量少到使燃烧不能正常进行时的可燃气体浓度称为该可燃气体的爆炸下限；当可燃气体的含量增加至因氧气不足而无法燃烧，此时的可燃气体浓度称为其爆炸上限。可燃气体的爆炸上下限统称为爆炸极限。

实际上，空气中影响可燃气体爆炸的因素很多，包括燃气与空气的混合是否均匀、点火源的形式及点火能大小等。因此，要避免发生爆炸，应使空气中的燃气浓度远离爆炸极限。

（1）对于不含氧及惰性气体的燃气，其爆炸极限可按下式估算：

$$L = \frac{100}{\sum \dfrac{y_i}{L_i}} \tag{2-55}$$

式中　L_i——燃气中各组分的燃气爆炸上（下）限，%；

　　　L——不含氧及惰性气体的燃气爆炸上（下）限，%；

　　　y_i——燃气中各组分的容积成分，%。

（2）含有惰性气体的燃气，其爆炸极限可按下式估算：

$$L_d = L \times \frac{\left(1 + \dfrac{B_i}{1-B_i}\right) \times 100}{100 + L\left(\dfrac{B_i}{1-B_i}\right)} \times 100\% \tag{2-56}$$

式中　L_d——含有惰性气体的燃气爆炸上（下）限，%；

　　　L——不含惰性气体的燃气爆炸上（下）限，%。

7. 液化石油气状态图

在进行液态烃的热力计算时，一般需要使用饱和蒸气压 P、比容 v、温度 T、焓值 i 和熵值 s 等五种状态参数。为了使用方便，将这些参数值绘制成曲线图，称之为状态图。当已知上述五个参数中的任意两个参数时，即可在液态烃的状态图上确定其状态点，并可在图上直接查得该状态下液态烃的其他参数。

图 2-6 为液态烃状态图的示意图。

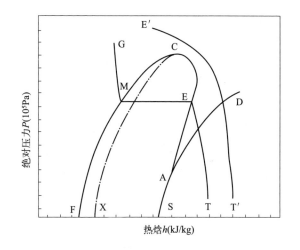

图 2-6　液态烃状态图的示意图

图 2-6 中纵坐标为绝对压力 P（10^5 Pa），横坐标为热焓 h（kJ/kg）。C 点为临界状态点，CF 线为饱和液体线，CS 线为饱和蒸气线。整个状态图分为三个区域：CF 线的左侧为液相区；CF线与 CS 线之间为气液体共存区；CS 线右侧为气相区。折线TEMG 表示低于临界温度时的等温线；T′E′曲线表示高于临界温度时的等温线；曲线 AD 为等熵线；由临界状态点 C 引出的 CX 线为蒸气的等干度线。

　　干度是指每公斤饱和液体和饱和蒸气的混合物中，饱和蒸气的含量，常用符号 x 表示。

$$x = \frac{\text{饱和蒸气质量}}{\text{饱和液体质量} + \text{饱和蒸气质量}} \quad (2\text{-}57)$$

式中　x——干度，kg/kg。

　　显然，饱和液体线 CF 上任一点的干度 $x = 0$，饱和蒸气线 CS 上任一点的干度 $x = 1$。

　　液化石油气中主要成分丙烷和正丁烷的状态图如图 2-7、图 2-8 所示。

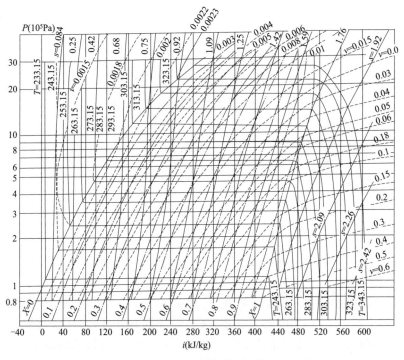

图 2-7　丙烷的状态图

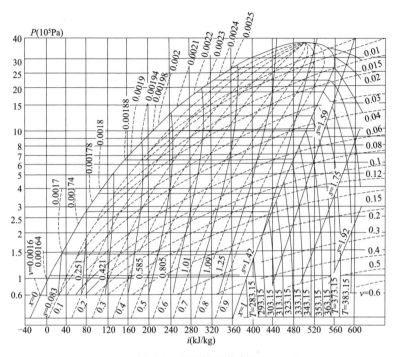

图 2-8　正丁烷的状态图

第3章

城镇燃气厂站设计

根据燃气性质、供气压力、系统工艺等要求的不同，燃气厂站在城镇燃气供应系统中发挥接收、净化、储存、调压或加压、计量、配气、气质检测、加臭、气化等各种作用。

3.1 城镇燃气厂站设计基本要求

3.1.1 厂站的选址

1. 应满足政府部门相关要求

（1）站址应符合城镇总体规划和燃气发展规划的要求。天然气门站站址应结合长输管线位置确定。

（2）厂站位于城市规划区域范围内，厂站选址时必须与当地政府相关部门，特别是与规划、土地、交通运输部门保持沟通，取得必要的审批意见，避免因用地性质调整，道路改、扩建等原因导致今建明拆。

（3）要遵守有关部门对地块的具体指标规定，并进行充分的沟通、确认，避免为后续建设遗留投资风险。站址应具有适宜的地形、工程地质、供电、给水排水和通信等条件。

（4）厂站位于城市规划区范围以外的，也应符合当地政府部门的相关要求，并取得用地审批许可。

（5）燃气厂站站址不宜选择在低洼处或水塘、垃圾填埋场、山坡等处。此类场地三通一平的工程量较大，基础或护坡的处理费用高，可能导致总体投资增加。

（6）燃气厂站站址不宜选择在距离架空电力线、通信线太近的地方。此类地块，燃气设备退让距离过大，土地利用率低。

（7）门站和储配站应少占农田、节约用地并应注意与城市景观等协调。

2. 应满足国家相关规范、条例的要求

（1）拟建厂站站址与周边现有建（构）筑物、道路或规划的建（构）筑物、道路需满足相关规范要求的安全间距。

（2）拟建厂站站址与周边现有地下管道、架空线缆需满足相关规范要求的安全间距。

（3）拟建厂站站址不应选择在有滑坡危险、山区泄洪口处及水库、河流等洪水位下，也不得选择在山区窝风地带。

（4）燃气厂站站址应满足《公路安全保护条例》第十八条要求：除按照国家有关规定设立的为车辆补充燃料的场所、设施外，禁止在下列范围内设立生产、储存、销售易燃、易爆、剧毒、放射性等危险物品的场所、设施：①公路用地外缘起向外100m；②公路渡口和中型以上公路桥梁周围200m；③公路隧道上方和洞口外100m。

3. 应满足项目本身功能的要求

（1）拟建厂站用地的大小应满足厂站实际功能需求，并根据项目实施情况考虑后期扩建、改造等，不得不经审批随意扩大征用地面积。

（2）征用地块应尽量规则，长宽比宜控制在1：1.5～1：2之间。

（3）储配站内的储气罐与站外的建（构）筑物的防火间距应符合现行国家标准《建筑设计防火规范（2018年版）》GB 50016的有关规定。

3.1.2 总平面布置

燃气厂站设计总图涉及的专业有：城镇燃气专业、建筑专业、结构专业、给水排水及消防专业、电气仪表专业、热力专业、暖通专业等。

设计范围包括：厂站总平面设计、厂站场地平整、厂站竖向设计、土方平衡计算、厂站雨水排放设计、厂站管网综合设计、厂站道路设计、示意性绿化设计等。

1. 厂站总平面设计

（1）厂站内的设施应根据其功能分区布置，一般包括：工艺装置区、辅助生产区、行政（生活）管理区等。

（2）明确厂站已有规划要求和已建基础设施情况，使总平面布置与其相适应。

（3）充分利用地形、地势和地质条件，合理进行总平面布置，减少土石方量。

（4）近远期建设统一考虑，集中留出足够的发展用地。

（5）厂站内使用性质相近的建筑物宜合并建设，方便管理、减少用地。

（6）位于地下水位较高地区的厂站，在场地面积允许的情况下，可考虑加大消防水池的面积，以减小消防水池及泵房的深度，避免发生施工降水费及为抗浮增加的结构主体费用。

（7）根据厂站所在地的气候条件，合理布置各建（构）筑物并考虑主要功能房间朝向，满足日照、通风、采光等要求。

（8）根据周边地形及厂站设计高程，对需要设置排水设施的厂站，总平面图上应标示出排水设施位置、类型。

（9）厂站混凝土地坪面积应以满足车辆行驶、回车场地面积及生产运营需求为前提，控制硬化面积，非硬化地坪采用普通绿地或铺设彩色行道砖。

（10）厂站内消防通道的设置宽度应为 4m，转弯半径不小于 9m。

（11）各功能分区内外部安全间距及出入口设置应满足相关规范要求。

（12）厂站出入口及内部大门设置要求如表 3-1 所示。

厂站出入口及内部大门设置要求　　　　　　表 3-1

序号	大门类型	宽度	适用厂站	适用部位	备注
1	电动伸缩门	8m、10m、12m	有大型车辆（LNG 槽车、CNG 槽车、货运卡车等）同行的厂站	与外部道路连接出入口处	订购成品
2	平开铁门	5m、6m、7m	有大型车辆（LNG 槽车、CNG 槽车、LPG 槽车货运卡车等）同行的厂站	与外部道路连接出入口处	选用国家建筑标准设计图集《围墙大门》15J001
3	平开铁门	4m	仅限中小型车辆通行的厂站	与外部道路连接出入口处、厂站内部各功能分区之间出入口处	选用国家建筑标准设计图集《围墙大门》15J001
4	平开铁门	2m	仅限人员通行的厂站	与外部道路连接出入口处、厂站内部各功能分区之间出入口处	选用国家建筑标准设计图集《围墙大门》15J001

2. 厂站竖向设计

（1）竖向布置应与总平面相适应，即在进行总平面设计的同时要结合地形考虑竖向布置的方式。

（2）竖向布置应与工艺需求相适应，在满足工艺需求的基础上，合理确定各地段高程，使工艺流程顺畅合理。

（3）竖向布置应同时考虑厂站现状地形和站外连接道路的高差，统筹整体高程，做到经济合理。

1）自然坡度不大于 3% 的场地，采用平坡式；

2）自然坡度大于 3% 的场地，采用阶梯式；

3）阶梯式场地各阶高差控制在 2～6m。

（4）竖向布置应与厂区内道路、场地设计相结合，满足道路坡长、坡度等各项技术要求以及场地排雨水的要求。

1）进出站道路及站内道路坡度应不大于8%；

2）平坡式区域坡度宜为0.3%～3%。

（5）竖向设计应力求减少土石方工程量，尽量做到区块内的填挖基本平衡。

（6）厂站竖向设计统一采用等高线竖向表示法或散点表示法。

（7）LNG气化站气化器周边地坪坡度应按1%坡向四周排水明沟。

3. 土方计算

（1）计算方法

统一使用方格网法进行计算。

（2）一般规定

1）设计方格网间距不应大于10m。

2）一般情况平土范围应为红线边。

3）对于阶梯式场地，应分阶分区域分别计算。

4）对于设置有自然放坡护坡厂站，应根据护坡坡度及分阶情况计算出边坡土方量。

5）设计中应注明土方施工要求，如分层夯实、压实系数等。

4. 厂站道路及地坪设计

（1）厂站内道路及地坪垫层应根据地质情况、当地习惯做法和气候特点，设置炉渣垫层、碎石垫层、6%水泥稳定碎石。

（2）厂站内部各区域道路、地坪结构面层一般要求如表3-2所示。

厂站内部各区域道路、地坪结构面层一般要求　　表3-2

序号	区域	结构面层厚度	备注
1	槽车、货运卡车等大型重载车辆行车场地及道路	22cm厚C30混凝土面层	纵缝、胀缝设拉力杆
2	中小型车辆行车场地及道路	18cm厚C30混凝土面层	纵缝、胀缝设拉力杆

续表

序号	区域	结构面层厚度	备注
3	设备区地坪	10cm 厚 C25 混凝土面层	—
		5cm 厚预制混凝土彩色行道砖	—

（3）东北、西北、华北地区有冻土区域应考虑道路防冻要求。

（4）大面积场地和道路必须设置纵缝、缩缝、胀缝。纵缝每 4m 设一道，缩缝每 6m 设一道，胀缝每 30m 设一道。

3.1.3　厂站的工艺设计

1. 一般要求

（1）功能应满足输配系统输气调度和调峰的要求。

（2）站内应根据输配系统调度要求分组设置计量和调压装置，装置前应设过滤器；门站进站总管上宜设置油气分离器。

（3）调压装置应根据燃气流量、压力降等工艺条件确定设置加热装置。

（4）站内计量调压装置和加压设施应根据工作环境要求露天或在厂房内布置，在寒冷或风沙地区宜采用全封闭式厂房。

（5）进出站管线应设置切断阀门和绝缘法兰。

（6）储配站内进罐管线上宜设控制进罐压力和流量的调节装置。

（7）当长输管道采用清管球清管工艺时，门站宜设置清管球接收装置。

（8）站内管道上应根据系统要求设置安全保护及放散装置。

（9）站内设备、仪表、管道等安装的水平间距和标高均应便于观察、操作和维修。

（10）焊缝检验

1）外观检验：站内所有工艺管道应进行 100% 外观质量检验，执行现行国家标准《现场设备、工业管道焊接工程施工质量验收规范》GB 50683 的有关要求，Ⅰ级合格。

2）内部质量检验：站内所有焊接接头应进行 100％射线检测（放散管、排污管的焊缝检测数量比例为 30％），射线检测技术等级不得低于 AB 级，执行现行行业标准《承压设备无损检测 第 2 部分：射线检测》NB/T 47013.2，Ⅱ级合格。

对于无法采用射线探伤的焊缝，应采用超声检测，技术等级不得低于 B 级，执行现行行业标准《承压设备无损检测 第 3 部分 超声检测》NB/T 47013.3，Ⅱ级合格。当射线和超声波方法均不可行时，应采用磁粉或渗透方法对焊缝表面缺陷进行检测，磁粉检测执行现行行业标准《承压设备无损检测 第 4 部分 磁粉检测》NB/T 47013.4 的规定，渗透检测执行现行行业标准《承压设备无损检测 第 5 部分 渗透检测》NB/T 47013.5 的规定，无缺陷为合格。

管道焊接接头抽样检验，若有不合格时，应按该焊工的不合格数加倍检验，若仍有不合格则应全部检验，不合格焊缝的返修次数不得超过二次。

2. 图纸要求

燃气厂站工程工艺图纸一般包含表 3-3 中内容，各项工程根据实际复杂程度略有增减。

1）如工艺管道总平面布置图能够完整体现工艺管道、管件、阀门及其他附件的相关做法，可指导施工，则不需另外画生产区工艺管道平面布置图，否则需放大比例单独画各分区的工艺管道平面布置图。

2）如工艺管道平面布置图可清晰体现管道支墩、支架平面布置图及管道支架做法大样图，则管道支墩、支架平面布置图及管道支架做法大样图可与工艺管道平面布置图合并，否则管道支墩、支架平面布置图及管道支架做法大样图需单独出图。

3）各类工艺管道安装大样图可与工艺管道平面布置图合并。

厂站工程工艺图纸对照表　　　　　　　　表 3-3

图纸名称	门站及高中压调压站
工艺流程图	√
工艺设备平面布置图	√

图纸名称	门站及高中压调压站
工艺管道总平面布置图	√
各分区工艺管道平面布置图	√
设备安装大样图	√
局部安装大样图	√
放散管安装大样图	√
牺牲阳极(双锌接地电池)安装大样图	√
埋地阀门井大样图	√
管道支墩、支架平面布置图	√
管道支架做法大样图	√
工艺爬梯平面图	—
常温管托、支架大样图	—

3.2　燃气门站及调压站

天然气门站是指长输管线和城镇燃气系统进行交接的场所，具有接收和分配天然气的功能，有些门站还可以储存部分调峰用气，由过滤、调压、计量、配气、加臭等工艺设施组成，部分门站有天然气加热、清管器收发等功能。

调压站是将调压装置放置于专用的调压建筑物或构筑物中，承担管网的压力调节。调压站一般应具有过滤、计量、调压、关断、排污、放散等功能，部分调压站有天然气加热、清管器收发、线路截断功能。

3.2.1　燃气门站

1. 城镇燃气门站

由长距离输气干线供给城镇的燃气，一般经分输站通过分输管道送到燃气门站。燃气门站是城镇或工业区分配管网的起点和气源站，在燃气门站内燃气经过滤除尘、调压、计量和加臭后送入城镇或工业区的管网。长距离输气干线的清管器接收装置一般也设在燃气门站内。如果燃气门站前的燃气分输站设有清管器接收装置，燃气门站就不再设置。

若长距离输气干线来气压力不能满足城镇燃气门站的压力要求，还需要在燃气门站设置加压设施。通常在燃气门站之后的城镇外围建设环形或半环形燃气管道，进行高压储气，用于解决城镇燃气的日调峰问题。由环形高压管道通过若干个高-中压调压站向城镇管网供应燃气。若不具备建设环形高压燃气管道的条件，则需设置储气罐站。储气罐站可单独设置，亦可与城镇燃气门站合并设置。

图 3-1 所示为燃气门站一级调压流程示意图。来自干线的天然气经过滤、调压、计量和加臭后进入城镇燃气管网。流程中有四套除尘装置、三套调压装置，其中任意一套可作为备用。当全站需要停气检修或发生事故时，经由越站旁通管 16 向管网临时供气。

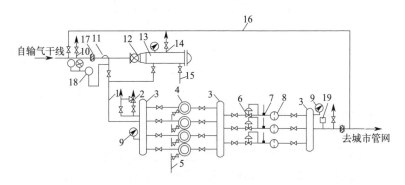

图 3-1　燃气门站一级调压流程示意图

1—进气管；2—安全阀；3—汇气管；4—过滤器；5—过滤器排污管；6—调压器；
7—温度计；8—孔板流量计；9—压力表；10—干线放空管；11—清管器通过指示器；
12—球阀；13—清管器接收筒；14—放空管；15—排污管；16—越站旁通管；
17—绝缘法兰；18—电接点式压力表；19—加臭装置

根据进口燃气压力的大小和高压储气压力以及城镇管网或工业

用户所需压力的要求，在门站进行一级调压或二级调压，出站燃气管道可为一种压力级，也可有两种不同的压力级。

燃气门站的站址选择，应遵守城镇总体规划，符合安全防火距离的规定，并应考虑地形、地质条件和厂站对当地环境的影响，以及附近企业对厂站的影响。所选站址应交通方便，水电来源充足。在安全防火允许的范围内，厂站应尽可能靠近城镇居民点，并位于城镇和居民区全年最小频率风向的上风侧。作为门站的站址，应有足够的面积，并为扩建留有必要的余地。站址选择一般应对几个方案进行技术经济比较后确定。

2. 燃气的加臭

为了便于发现燃气泄漏，保证燃气输送和使用安全，常在无味的燃气中注入加臭剂。

对加臭剂的要求包括：气味要强烈、独特、有刺激性，还应持久且不易被其他气味所掩盖；加臭剂及其燃烧产物对人体无害；不腐蚀管道及设备；沸点不高且易于挥发，在运行条件下有足够的蒸气压；其蒸气不溶于水和凝析液，不与燃气组分发生反应，不易被土壤吸收；价廉而不稀缺。

经常使用的加臭剂有四氢噻吩（THT）、乙硫醇（EM）和三丁基硫醇（TBM）等。此外，还有专门配制的或从含硫石油的馏分中得到的混合加臭剂，其中除含有硫醇外，还包括硫醚、二甲基、二乙基硫化物和二硫化物等。

乙硫醇与金属氧化物反应生成硫醇盐类，导致加臭剂在管道中有失效现象。因此，在燃气加臭的初期阶段，通常需要提高加臭剂的单位用量。

由于人们对气味的敏感程度随气温的升高而增大，故应按季节变化改变加臭剂的用量，一般最冷与最热季节的用量比为 2:1。

四氢噻吩（C_4H_8S）是一种有机合成制剂，是无色或微黄色透明液体。四氢噻吩具有强烈的臭味，对皮肤有弱刺激性，且具有典型的麻醉作用。在化学稳定性方面，乙硫醇平均衰减率为 42%，四氢噻吩平均衰减率为 18%。在加臭效果相同的条件下，按理论估算，四氢噻吩对管道的腐蚀量仅为乙硫醇的 1/6。在燃烧后产物的毒性方面，当加臭剂加入量相同的条件下，按理论估算，四氢噻吩加臭剂产生的 SO_2 量为乙硫醇的 70% 左右。四氢噻吩作为加臭剂综合性能优于乙硫醇，因此得到了更广泛的应用。表 3-4 是欧洲天然气加臭标准。

欧洲天然气加臭标准 表 3-4

国家	加臭剂名称	加臭剂浓度（mg/m³）	浓度检查
比利时	THT（四氢噻吩）硫醇	18～20	（气味测量）气体色层法
法国	THT（四氢噻吩）	20～25	气体色层法
德国	THT（四氢噻吩）硫醇	≥7.5 ≥4	气体色层法 细管反应法
英国	BE（DES、TBM 和 EM 混合剂）	16	（气味测量）气体色层法
意大利	THT（四氢噻吩）	在爆炸下限的 1/5 下 气味级 2 级	（气味测量）气体色层法
荷兰	THT（四氢噻吩）	18	（气味测量）气体色层法

注：BE 加臭剂的组成：二乙基硫醚（DES）质量分数为 72%±4%，三丁基硫醇（TBM）质量分数为 22%±2%，乙硫醇（EM）质量分数为 6%±2%。

加臭剂应在城镇燃气门站内进行添加。由于加臭剂通常含有硫化物，有一定的腐蚀性，添加量要适当。

通过短期内增加燃气中加臭剂含量还可以帮助查找地下管道的漏气点。

燃气的加臭通常采用滴入式、吸收式和活塞泵注入式等装置进行。滴入式加臭装置是将液体加臭剂以单独的液滴或细液流的状态加入燃气管道中，液体加臭剂蒸发并与燃气混合。由于液滴或细液流的蒸发表面很小，因此所采用的加臭剂应具有较大的蒸气压。吸收式加臭装置则是使部分燃气进入加臭器，在其中燃气被蒸发的加臭剂饱和，这部分被加臭剂饱和的燃气再进入主管道，与未加臭的燃气混合。

图 3-2 为滴入式加臭装置。加臭剂储槽 1 通常用不锈钢制成，其容量为一天的加臭剂用量。从观察管 5 观察每分钟流入的加臭剂滴数。液滴数由针形阀 6 调节，这种装置在燃气流量不大（200～20000m³/h）时使用，主要优点是构造简单，缺点是加臭剂的流量难以准确控制，特别是在燃气流量发生变化时。

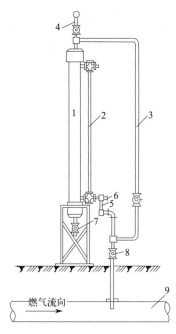

图 3-2　滴入式加臭装置

1—加臭剂储槽；2—液位计；3—压力平衡管；4—加臭剂充装管；5—观察管；
6—针形阀；7—排出口阀门；8—滴入管阀门；9—燃气管道

为了适应燃气流量的变化，对燃气进行精确加臭，可以采用单片机控制的注入式加臭装置，注入式加臭装置如图 3-3 所示。

从加臭剂储罐 1 由燃气加臭泵 7 送入加臭管线 10，由加臭剂注入喷嘴，将加臭剂注入燃气管道中与燃气混合。燃气加臭装置的控制器根据从管道中获取输送燃气的流量（或者已加臭燃气中加臭剂的浓度）信号控制燃气加臭泵的输出量，从而调整加臭量，使燃

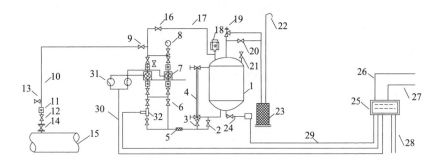

图 3-3 注入式加臭装置

1—加臭剂储罐；2—出料阀；3—标定阀；4—标定液位计；5—过滤器；6—旁通阀；
7—燃气加臭泵；8—压力表；9—加臭阀；10—加臭管线；11—逆止阀；
12—加臭剂注入喷嘴；13—清洗检查管；14—加臭点法兰球阀；15—燃气管道；
16—回流阀；17—回流管；18—真空阀；19—安全放散阀；20—排空阀；
21—加臭剂充装管；22—排空管；23—吸收器；24—排污口；
25—燃气加臭装置控制器；26—输入燃气流量信号；27—数据输出；
28—供电电源；29—信号反馈电缆；30—控制电缆；31—防爆开关；32—输出监视仪

气中加臭剂浓度基本保持恒定。

3.2.2 燃气调压站

1. 调压站的分类和选址

调压站按使用性质、调压作用和建筑形式，可以分为不同类型，调压站分类如表 3-5 所示。

调压站分类表 表 3-5

分类方法	类型		
	一	二	三
按使用性质分	区域调压站	箱式调压装置	专用调压站
按调节压力分	高中压调压站	高低压调压站	中低压调压站
按建筑形式分	地上调压站	地下调压站	调压柜(箱)

区域调压站通常是设置在地上特设的房屋里。在不产生冻结、

保证设备正常运行的前提下，调压器及附属设备（仪表除外）也可以设置在露天（应设围栏/墙）或专门制作的箱/柜体内。

只有当受到地上条件限制，且燃气管道进口压力不大于 0.4MPa 时，调压装置才考虑设置在地下构筑物内。目前一些大城市在繁华地带设置了可以在地面对调压站内设备进行检修的地下调压装置。因液化石油气的密度比空气大，如有漏气不易排出，故气态液化石油气的调压装置不得设在地下构筑物中。

地上调压站的设置应尽可能避开城镇的繁华街道。可设在居民区的街区内或广场、公园等地。调压站应力求布置在负荷中心或接近大用户处。调压站的作用半径，应根据技术经济比较确定。

调压站为二级防火建筑，与周围建筑物之间的安全距离应符合相关规范的规定。

2. 调压站的组成及装置

调压站原则上按无人值守设计，生产运营有需求时，可采取有人值守设计。调压站的主要设施包括阀门、调压器、过滤器、安全放散阀、切断阀、旁通管、仪表等，有的调压站还装有计量和加臭设备。

（1）阀门

调压站进口及出口处设置的阀门，主要作用是在调压器、过滤器检修时关断燃气。在调压站之外的进、出口管道上亦应设置总阀门，此阀门是常开的，但要求必须随时可以关断，并和调压站相隔一定的距离，以便当调压站发生事故时，不必靠近调压站即可关闭总阀门，避免事故蔓延和扩大。调压站使用的阀门主要有球阀、蝶阀和闸阀。这三种阀门由于结构不同，各有特点，有其不同的适用范围。球阀与闸阀多采用双面密封的结构形式。

（2）过滤器

过滤器用于去除气体中杂质。燃气中常含有较大固体颗粒和液体，以及由于管道内壁锈蚀，管道带气作业和事故抢修过程中产生的粉尘和污物，很容易积存在调压器、流量计和阀门中，影响其正常工作。为了保证设备的安全运行，燃气调压装置和燃气计量装置前必须安装过滤器。

过滤器从原理上分为旋风分离式过滤器和滤芯式过滤器。从外形上分为立式过滤器和卧式过滤器。旋风分离式过滤器基于重力及离心力的工作原理，燃气切向进入离心体内，旋转产生离心力，推动杂质向管壁移动，形成旋流，促使杂质流向排污阀，完成杂质分离。滤芯式过滤器是当气体进入置有一定规格滤网的滤筒后，其杂质被阻挡，而清洁的气体则由过滤器出口排出。

过滤器的性能指标主要是过滤精度和过滤效率。一般情况下，计量装置要求燃气中尘粒的粒径不大于 $5\mu m$，过滤效率一般要求大于 98%。

过滤器滤芯材质应有足够的抗拉伸强度。过滤器前后应设置压差计，根据测得的压力降可以判断过滤器的堵塞情况。在正常工作情况下，燃气通过过滤器的压力损失不得超过允许范围，压力损失过大时应对滤芯进行清洗，以保证过滤质量。

（3）安全装置

当负荷为零而调压器阀口关闭不严，以及调压器中薄膜破裂或调节系统失灵时，出口压力会突然增高，从而危及设备的正常工作，甚至会对公共安全造成危害。

防止出口压力过高的安全装置有安全阀、监视器和调压器并联装置。

1）安全阀

安全阀可以分为安全切断阀和安全放散阀。安全切断阀的作用是当出口压力超过允许值时自动切断燃气通路的阀门。安全切断阀通常安装在箱式调压装置、专用调压站和采用调压器并联装置的区域调压站中。安全放散阀是在出口压力出现异常但尚没有超过允许范围前开始工作，把足够数量的燃气放散到大气中，使出口压力恢复到规定的允许范围内。安全放散阀可分为水封式、重块式、弹簧式等。

无论哪一种安全放散阀，都有压力过高时保护管路不间断供气的优点。主要缺点是当系统容量很大时，可能排放大量的燃气，因此，通常不安装在建筑物集中的地方。

2）监视器

监视器是由两个调压器串联连接的装置，如图3-4所示。

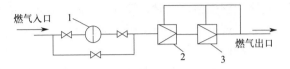

图3-4 监视器装置

1—过滤器；2—备用调压器；3—正常工作调压器

备用调压器2给定的出口压力略高于正常工作调压器3的出口压力，因此，正常工作时备用调压器的调节阀是全开的。当正常工作调压器3失灵，出口压力上升到备用调压器2的给定出口压力时，备用调压器2投入运行。备用调压器也可以放在正常工作调压器之后，备用调压器的出力不得小于正常工作调压器。

3）调压器并联装置

调压器的并联装置如图3-5所示。系统运行时，一台调压器正常工作，另一台备用。正常工作调压器的给定出口压力略高于备用调压器的给定出口压力，所以正常工作时，备用调压器呈关闭状态。当正常工作的调压器发生故障，使出口压力增大到超过允许范围时，其线路上的安全切断阀关闭，致使出口压力降低，当下降到备用调压器的给定出口压力时，备用调压器自行启动正常工作。备用线路上安全切断阀的动作压力应略高于正常工作线路上安全切断阀的动作压力。

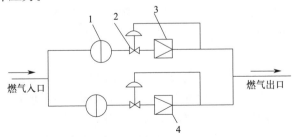

图3-5 调压器并联装置

1—过滤器；2—安全切断阀；3—正常工作调压器；4—备用调压器

4）旁通管

为了保证在调压器维修时不间断供气，在调压站内设有旁通管。燃气通过旁通管供给用户时，管网的压力和流量由手动调节旁通管上的阀门来实现。对于高压调压装置，为便于调节，通常在旁通管上设置两个阀门。

选择旁通管的管径时，要根据燃气最低的进口压力和需要的出口压力以及管网的最大负荷进行计算。旁通管的管径通常比调压器出口管的管径小 2～3 号。

5）测量仪表

为了判断调压站中各种装置及设备工作是否正常，需设置各种测量仪表。通常调压器入口安装指示式压力计、出口安装自记式压力计，自动记录调压器出口瞬时压力，以便监视调压器的工作状况。专用调压站通常还安装流量计。

此外，为了改善管网水力工况，可在调压站内设置孔板或凸轮装置，使调压站出口压力随燃气管网用气量的改变而相应改变。当调压站产生较大噪声时，必须有消声装置。在调压站露天设置时，如调压器前后压差较大，还应设防止冻结的加热装置。

3. 调压站的布置

调压站内部的布置，应便于管理及维修。设备布置应紧凑，管道及辅助管线力求简短。

（1）区域调压站

区域调压站通常布置成一字形，有时也可布置成Ⅱ形或 L 形。区域调压站如图 3-6 所示。城镇输配管网多为环状布置，而某一个调压站所供应的用户数不是固定不变的，因此在区域调压站内不必设置流量计。

区域调压站净高通常为 3.2～3.5m，主要通道的宽度及每两台区域调压器之间的净距不小于 1m。区域调压站的屋顶应有泄压设施，房门应向外开。区域调压站应有自然通风和自然采光，通风次数每小时不宜小于两次。室内温度一般不低于 0℃，当燃气为气态液化石油气时，不得低于其露点温度。室内电器设备应采取防爆措施。

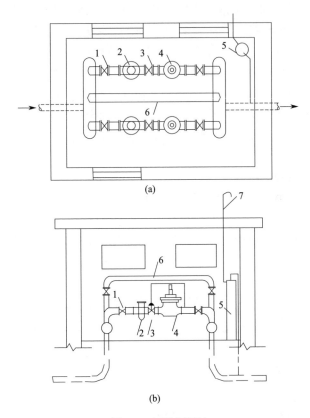

图 3-6　区域调压站

（a）平面图；（b）立面图

1—阀门；2—过滤器；3—安全切断阀；4—调压器；5—安全水封；6—旁通管；7—放散管

（2）专用调压站

工业企业和商业用户的燃烧器通常用气量较大，可以使用较高压力的燃气。因此，这些用户与中压或较高压力燃气管道连接较为合理。这样不仅可以减轻低压燃气管网的负荷，还可以充分利用燃气本身的压力来引射助燃空气。因此，专用调压站的进出口都可以采用比较高的压力。

当进口压力为中压或低压，且只安装一台接管直径小于 50mm 的调压器时，调压器亦可设在使用燃气的车间角落处。如果设在车间内，应用栅栏把它隔离起来，并要经常检查调压设备、安全设备是否工作正常，也要经常检查管道的气密性。

专用调压站要安装流量计。选用能够关闭严密的单座阀调压器，安全装置应选用安全切断阀。不仅压力过高时要切断燃气通路，压力过低时也要切断燃气通路。这是因为压力过低时可能引起燃烧器熄灭，而使燃气充满燃烧室，形成爆炸气体，当火焰靠近或再次点火时发生事故。

（3）箱式调压装置

当燃气直接由中压管网（或压力较高的低压管网）供给生活用户时，应通过用户调压器将燃气压力直接降至燃具正常工作时的额定压力。这时常将用户调压器装在金属箱中挂在墙上。当箱式调压装置设在密集的楼群中时，可以不设安全放散阀，只设安全切断阀。

在北方供暖地区，如果将箱式调压装置放在室外，则燃气必须是干燥的或者要有供暖设施。否则，冬季就会在管道中形成冰塞，影响正常供气。撬装式调压站（通常称为调压柜或撬装站）在工厂进行装配，连接质量好，结构紧凑，占地面积小，建设时间短，得到了广泛应用。

3.2.3 门站与调压站的一般规定

（1）门站、调压站的设计要求该系统能连续、安全、可靠地工作，并能满足不同时期输配系统负荷和参数的变化。

（2）门站、调压站设计应注重近远期结合，为城市未来发展与建设留有余地。

（3）门站、调压站设计应简化管理体制，提高自动化控制水平，精简现场操作管理人员，降低运行管理成本。

（4）门站设计应为有人值守站。调压站设计以有人值守站为宜，符合下列情况之一时，调压站可设计为无人值守站：

1) 调压站用地紧张，站房设置无法满足定员要求；

2) 调压站设置在高（次高）压管道沿线，按现行国家标准《城镇燃气设计规范（2020 年版）》GB 50028 地区等级划分为一级、二级的区域。

（5）门站、调压站工艺装置应地上设置。

（6）门站、调压站可按撬块组装设计，不宜按整体撬装设计。成撬设计应符合以下原则：

1) 撬装设备宜为单体设备成撬，由成撬商按设计要求将设备单体（如流量计、调压器）及其附件（如导压管、仪表等）、直管段组装成撬块，装置区平面布置由设计单位完成；

2) 调压站如因场地限制，可设计为整体撬装站，撬装设备入口管径应不大于 $DN250$。

（7）门站内大于或等于 4.0MPa 的工艺管道按 GC1 类压力管道设计，其他按 GB1 类设计；调压站站内工艺管道按 GB1 类压力管道设计。

（8）调压站设计在满足安全可靠、经济合理的前提下，通用机械设备、材料应立足国内供应，通用材料应尽量合并规格和型号。

3.2.4　门站与调压站的工艺要求

（1）门站与调压站工艺装置应满足以下要求：

1) 站内上游来气压力比较稳定且设计压力不大于 4.0MPa 时，流量计宜设置在调压器前。

2) 工艺管路设置两路及以下时，采用等管径管道连接（特殊情况需设汇管除外），当工艺管路（含预留路）设置两路以上时，宜采用汇管进行布置，汇管应满足以下规定：

① 最大工艺管路直径/汇管直径小于或等于 0.7；

② 当工作路管径小于等于 $DN150$ 时，汇管直径直接按 2 倍工作路管径选取；

③ 当工作路管径大于 $DN150$ 时，汇管截面积应大于 1.5 倍进气工作路支管截面积，且不小于 $DN300$。

燃气设计便携手册

3）高中压调压系统中，当入口压力大于 2.5MPa 时，应采用两级调压方式，当入口压力小于等于 2.5MPa，采用一级调压方式。采用两级调压时，安全切断阀分别设置，每级调压后设远传压力表。

如图 3-7 所示为两级调压配置示意图。

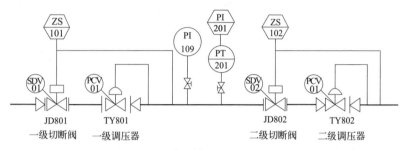

图 3-7　两级调压配置示意图

4）站内管路设计时，应根据流速核算管道管径，管道流速宜控制在 20m/s。

5）安全放散阀开启压力应不大于管道设计压力，且应在流程图中标注。

6）调压计量路应设置管路检修放散，当流量计安装位置位于调压器前时，在流量计和调压器后应分别设置检修放散管。

7）检修放散管及设备排污管应设置双阀，并应按球阀＋节流截止阀（或排污阀）的形式配置。

（2）天然气进入门站、调压站应进行过滤分离：

1）门站宜设置带有集液功能的过滤分离器；

2）门站设置过滤分离器的管网系统，调压站过滤器选择可不考虑分离功能；

3）过滤分离器或过滤器应设置备用；

4）过滤分离器或过滤器筒体的设计、制造、检验应符合《压力容器［合订本］》GB/T 150.1～GB/T 150.4—2024 和《固定式压力容器安全技术监察规程》TSG 21—2016 的要求；

5）门站过滤分离器粉尘过滤效率为 $5\mu m$ 不低于 99%，液滴过滤效率为 $5\mu m$ 不低于 98%，压降应小于 $0.015MPa$；

6）调压站过滤器过滤效率为 $5\mu m$ 不低于 98%，压降应小于 $0.015MPa$；

7）过滤器宜选择卧式，立式过滤器应考虑配置检修钢梯和平台；

8）设有过滤分离器或清管接收装置的门站、调压站，宜设置集中排污池，排污池设置位置应考虑清理和装运方便；

9）排污管线应设置双阀（球阀＋阀套式排污阀）。

（3）门站及调压站仪表设置应满足以下要求：

1）门站及调压站（无监控要求的小型调压站除外）进出口应设置压力及温度变送器，有多个入口及出口时应分别设置；

2）过滤器本体应设置压差表；

3）调压器后应设置现场压力表；

4）当设置有换热器时，应在换热器前后设置温度显示与变送；

5）变送设备应内置防浪涌隔离措施。

（4）门站及调压站调压功能的要求：

1）调压管路应设计调压器出口侧管路超压泄放和切断，以及管路检维修放空功能；

2）调压器应设置并联备用路，无人值守站调压器应设计串联监控功能；

3）高-中压调压宜设计为2级调压，配置或预留次高压出站功能；次高-中压调压宜设计为1级调压；

4）调压装置的设置应近、远期结合，并考虑供气初期低流量工况的适应性；

5）调压装置超压切断阀应为整体式或分体串联式人工复位型，切断压力精度不低于 $\pm0.5\%$，切断响应时间小于或等于 $0.3s$；

6）调压器稳压精度不低于 $\pm1\%$；调压器关闭精度不低于 5%；

7）调压器运行时噪声不应大于 $80dB$（A），达不到时采用消声措施。

（5）门站及调压站计量功能的要求：

1）门站及调压站宜设置进站总计量；

2）门站及调压站用于向其他燃气企业分销或直供用户的支线，支线沿线设置有阀室或多个用户的，不设置计量；支线沿线无阀室或其他用户的，宜设置贸易计量；

3）门站及调压站用于向本公司下游管网供气的出站管路不设置计量；

4）流量计选型应符合《城镇燃气工程计量仪表选型技术规定》CDP-G-CGP-IS-049；

5）用于与上游分输站贸易结算校核的流量计规格参数选型应与上游站一致；

6）计量装置的设置应近、远期结合，并考虑供气初期低流量计量精度要求；

7）计量管路设计应考虑检修、维修时能安全地进行放空操作。

（6）门站及调压站的加热要求：

1）应根据进站天然气温度、环境温度及调压器压降引起的温度降低，设计天然气加热功能，以保证设备和管道工作温度符合其材料标准的适用范围要求；

2）加热装置可选用水套加热炉、电加热器、电伴热带；

3）高-中压调压应设置水套加热炉或电加热器，加热设备可通过技术经济比选确定；

4）次高-中压调压不设置水套加热炉或电加热器，但应考虑温度对调压设备（如导压管）的影响，宜设置电伴热带。

（7）门站及调压站的加臭要求：

1）天然气门站应设置加臭装置，加臭点宜设置于中压管网出站管路；

2）天然气进入调压站前未加臭的，应在调压站中压管网出站管路设置加臭点；

3）高（次高）压管道下游设置有 CNG 站场的门站、调压站，高（次）压管道出站管路不宜加臭；

4）加臭装置应符合现行国家标准《城镇燃气加臭技术规程》CJJ/T 148 的要求；

5）加臭装置应能够自动将加臭剂注入到天然气管道内，并应保持加臭剂浓度基本恒定，加臭精度±5％；

6）加臭装置应具有自动加臭、手动加臭和编程定量加臭三种运行模式；

7）加臭装置应具有燃气流量、加臭剂注入量等相关运行参数的储存、打印和数据通信功能；

8）加臭装置是否具备多点加臭的功能要求，由设计方根据输配系统工艺确定。

（8）门站及调压站的放空要求：

1）门站及调压站应设置集中放空装置，集中放散管宜采用自立式放散立管，底部应设置排液口；

2）具有高（次高）压线路截断功能的门站、调压站宜设置线路放空管，线路放空管和放空竖管宜单独设置；

3）不同设计压力的站内其他工艺管道或设备放空管应分别设置，并直接与放空总管连接，由放空总管引至放空竖管泄放；

4）放空管线应设置阻火器；

5）放空管线应设置双阀（球阀＋节流截止放空阀）；

6）放空竖管顶端不应装设弯管；

7）放空竖管底部弯管和相连接的水平放空引出管应埋地；弯管前的水平埋设直管段应设置混凝土锚固墩；

8）放空竖管应采取稳管加固措施。可采用法兰焊接底座，用地脚螺栓固定在混凝土基础上，并设置钢制塔架或防晃绳稳管。

（9）门站及有人值守的调压站，工艺装置可不设置保护箱体，有特殊需求可设罩棚；无人值守调压站工艺装置宜设保护箱体，保护箱体材料优先选用彩钢板，彩钢板应做防腐保护。当门站及调压站工艺设备未设置保护箱体或工艺区未设置罩棚时，应在流量计处设置保护罩。

（10）当进出门站及调压站的钢管采用阴极保护措施时，进出站管道应设置绝缘接头，接头宜采用埋地安装，并采用双锌接地电池进行防高压电涌保护。

（11）撬装工艺设备外的 $DN300$ 及以上阀门架空安装时，应单独设置阀门支墩。

（12）站内预留埋地阀出口末端应设置焊接式管帽封堵，架空预留口应设置法兰盖封堵。

（13）站内设备基础宜高出地坪 200mm。

3.2.5　门站与调压站的设备与管材选型

（1）门站与调压站工艺设施宜采用整体或分体撬装设备。

（2）门站与调压站应根据压力降及流量判断是否需要设置加热装置，加热量至少保证出站气体温度大于混合气体露点温度（一般要保证出站温度 5℃以上）。

加热装置优先采用循环热水换热器；当计算换热功率小于或等于 50kW 时，可选择电加热换热器或局部设置电伴热。换热器不设备用，但需设置旁通路；换热器设置在过滤器入口前。

（3）如无特殊要求，门站、调压站过滤器的过滤精度统一为 $20\mu m$，加气站过滤器的过滤精度为 $5\mu m$。

（4）加臭装置宜采用双泵加臭机，并与流量计信号联动，加臭剂注入口宜设置在出站总管道上。

（5）设计时调压器流量参数采用工作流量，设备采购时应按工作流量的 1.2 倍选型。

（6）门站与调压站阀门的选型：

1）门站与调压站的阀门压力级别应与其连接的管道设计压力一致。

2）球阀

①门站与调压站工艺管线切断应选用全通径球阀；

②与高压（设计压力 1.6MPa 以上）管道干线直接连接的球阀宜选用全焊接结构、焊接端连接。

3）安全阀

①用于介质超压泄放功能的阀门应采用安全阀；

②压力容器、调压器出口管路应设置安全阀；

③公称直径大于或等于 $DN50$，且介质水露点低于最低日平均气温的地方安全阀宜采用先导式安全阀，其余的安全阀应采用弹簧直接作用式安全阀。

4）放空阀组

①放空阀组由球阀和节流截止放空阀双阀组成；

②进出站总管应设置放空阀组，放空阀组应设置于进站总阀上游或出站总阀下游；

③检修时需通过放空降压或吹扫的设施，应在切断阀之间任何管路或设备上设置放空阀组。

5）排污阀组

①排污阀组由球阀和阀套式排污阀双阀组成；

②清管接收装置、汇气管、过滤器应设置排污阀组。

6）执行机构

①门站及调压站进出站总阀应采用电动执行机构（小型调压站除外）；

②站内公称直径大于或等于 $DN350$ 的阀门及需要控制的阀门宜采用电液联动执行机构，$DN350$ 以下宜采用电动执行机构。

（7）门站及调压站主要管材。

1）门站及调压站进出站与高（次高）压干线连接的用于通球的管线执行标准及管线材质应与线路工程选用一致；

2）站内公称直径大于 $DN400$ 宜采用直缝埋弧焊钢管，公称直径小于或等于 $DN400$ 宜采用无缝钢管，站内不宜选用螺旋埋弧焊和高频电阻焊钢管；

3）站内工艺管道材质（与干线连接的用于通球的管线除外）标准为现行国家标准《石油天然气工业 管线输送系统用钢管》GB/T 9711，高压管道应选用 PSL2 级钢管，次高压、中压管道可选用 PSL1 级钢管；

4) 站内工艺管道介质流速控制应不大于 15m/s；

5) 站内工艺管道强度设计系数取 0.3。

(8) 门站及调压站主要管件。

1) 管件标准执行现行国家标准《钢制对焊管件 类型与参数》GB/T 12459 和《钢制对焊管件 技术规范》GB/T 13401；

2) 管件外径系列应与采用的钢管外径系列相适应；

3) 管件壁厚规格应计算选取，所选材料和壁厚应尽量与钢管相当，壁厚相差应满足焊接对口的要求；

4) 通球管线用热煨弯管应与线路工程一致；

5) 清管三通内径与相接管线公称内径偏差应不大于 3%。

6) 法兰、垫片、紧固件标准执行现行行业标准《钢制管法兰、垫片、紧固件》HG/T 20592～20635；

7) 法兰的压力、温度等级、材料应符合管道的要求；

8) 与设备、阀门配对的法兰应符合配对法兰密封面的要求；

9) 法兰材质的选择应满足最高、最低设计温度和最高工作压力条件的要求。

3.3 液化天然气供应站

城镇 LNG 供应一般通过汽车槽车、火车槽车或小型运输船运输至接收气化站（又称为液化天然气卫星站），经接收（卸气）、储存、气化、调压、计量和加臭后，送入城镇燃气输配管道，供用户使用，城镇 LNG 气化站工艺流程如图 3-8 所示。

3.3.1 LNG 供应站设计、选址

城镇 LNG 供应站的规模应以城镇总体规划为依据，根据供应用户类别、数量和用气量指标等因素确定。

站址选择应符合城镇总体规划的要求，应避开地震带、地基沉陷、废弃矿井和雷区等地段，并与周围建（构）筑物保证足够的安全距离。LNG 供应站内应按工艺及安全要求，分区布置生产区与

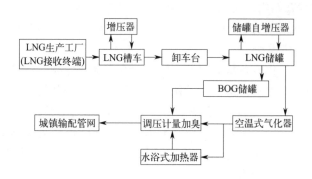

图 3-8 城镇 LNG 气化站工艺流程

辅助区。生产区包括储罐区、气化及调压等装置区。生产区宜布置在站区全年最小频率风向的上风侧或上侧风侧。站区应设置不燃烧实体围墙，以防止站内液化天然气泄漏时形成扩散。厂站出入口及消防通道设施应遵循相关技术规范要求。

小型 LNG 气化站一般采用 LNG 槽车输入 LNG，卸车过程比大型接收基地卸船过程更简单一些，气化工艺过程类似。

3.3.2 LNG 气化站设备、设施

液化天然气气化站储存设施可以是储罐，也可以是钢瓶组（称瓶组气化站）；亦可将站内设施撬装化（称撬装气化站）。LNG 储罐及相关设备设施要具备可靠的耐低温深冷性能；储罐及设备的设计温度应按－168℃计。

1. 储罐及钢瓶

城镇 LNG 气化站中的核心设备是 LNG 储罐或 LNG 气瓶组。储罐及钢瓶容器本体及附件的材料和设计应符合国家相关规范要求。

液化天然气储罐上必须设置压力表、液位计、安全阀及放散管、各种连锁切断装置，出液管应设置紧急切断阀等。

当气化站规模较小时，可以采用液化天然气钢瓶组储气。气瓶

组应设置在站内固定地点露天场所，可设置罩棚。

任何容积的液化天然气容器都不能永久地设置在建筑物内。

2. 气化设备

LNG 气化设备根据热源不同，分为空浴气化器、（热）水浴气化器及蒸汽浴气化器等。空浴式气化器以空气为热源，通过空气-液化天然气之间的热交换使 LNG 气化，这种气化器因其单位时间内气化量较小，多应用在小型 LNG 卫星站；通常设置两组设备，一用一备。（热）水浴或蒸汽浴气化器是以热水或蒸汽为热源，通过加热使 LNG 气化的装备。这种设备因需要消耗能源得到热水或蒸汽，所以气化成本相对较高，但单位时间内气化量大；设备可以独立使用，也可以作为空浴气化器的辅助升温设备。气化设备的气化能力要满足设计要求，气化效率应尽量高。

3.3.3 LNG 气化站工艺要求

（1）除放散管外，工艺区管道宜采用架空敷设。

（2）气化站内工艺管道支架最低安装高度为 300mm，保温管道托架净高宜为 150mm。

（3）设备基础的高度应满足工艺配管要求。

1）卸车增压器基础不宜过高，以高出地面 100mm 为宜。

2）储罐增压器、BOG 加热器、EAG 加热器、调压计量撬、集中放散管基础的高度根据工艺配管需要确定高度，基础宜高出地面 200mm。

3）空温式气化器独立设置（非撬装）时，其基础标高宜高出地面 1m。

4）复热器独立柱基础高出地面宜为 300mm。

5）储罐基础应根据工艺配管需要确定高度，基础标高高出地面不宜小于 1.2m。

（4）当设有潜液泵或柱塞泵时，储罐出口与泵进口的高差不应小于 0.5m。

（5）站内自用气调压计量设施宜集成在调压计量撬内。

（6）LNG 液相管道流速推荐值如表 3-6 所示。

LNG 液相管道流速推荐值 表 3-6

类型	流速（m/s）
LNG 工艺管道	≤2.0
泵进口	0.4~1.0
泵出口	2.0~4.0

（7）站内低温液相管道、BOG/EAG 管道、空温式气化器出口至复热器之间以及 BOG 加热器出口至复热器之间管道应采用 06Cr19Ni10 不锈钢无缝钢管，配套管路阀门（含主气化器及 BOG 加热器出口安全阀）采用低温不锈钢阀门，阀门应采用焊接连接。

（8）复热器出口后管道应根据环境温度选取管材：

1）冬季最冷月平均环境温度＜－40℃时，应采用 06Cr19Ni10 不锈钢无缝钢管（《流体输送用不锈钢无缝钢管》GB/T 14976—2012）；

2）－40℃≤冬季最冷月平均环境温度＜－20℃时，应采用 Q345E 无缝钢管（《高压化肥设备用无缝钢管》GB/T 6479—2013）；

3）冬季最冷月平均环境温度≥－20℃时，应采用 20 号无缝钢管（《流体输送用无缝钢管》GB/T 8163—2018）。

（9）安全阀设置要求：

1）LNG 气化站储罐及其进出液和 BOG 管路、空温式气化器出口、液相管 2 个阀门之间必须设置安全阀，储罐应设 2 个安全阀。

2）液相管路采用微启式安全阀，气相管路采用全启式安全阀。

3）单台空温式气化器、水浴复热器出口安全阀规格推荐表如表 3-7、表 3-8 所示。

单台空温式气化器出口安全阀规格推荐表　　表 3-7

气化器规模 （Nm³/h）	$Q{\leqslant}2000$	$2000{<}Q{\leqslant}3500$	$3500{<}Q{\leqslant}4500$	$4500{<}Q{\leqslant}6000$
安全阀规格(mm)	$DN25{\times}32$	$DN32{\times}40$	$DN40{\times}50$	$DN50{\times}65$

注：上表为单台气化器出口安全阀规格，如多台并联运行共用安全阀应另行计算。复热器出口安全放散阀及调压撬调压出口安全阀按表 3-8 推荐选取。

水浴复热器出口安全阀规格推荐表　　表 3-8

复热器规模 （Nm³/h）	$Q{\leqslant}2000$	$2000{<}Q{\leqslant}4500$	$4500{<}Q{\leqslant}6500$
安全阀规格(mm)	$DN25{\times}32$	$DN32{\times}40$	$DN40{\times}50$
复热器规模 （Nm³/h）	$6500{<}Q{\leqslant}10000$	$10000{<}Q{\leqslant}20000$	$20000{<}Q{\leqslant}30000$
安全阀规格(mm)	$DN50{\times}65$	$DN65{\times}80$	$DN80{\times}100$

（10）空温式气化器宜分组设置，每组空温式气化器入口总管应设置气动紧急切断阀，并与测温装置连锁紧，急切动阀前宜设置手动截止阀；单台气化器入口及出口应分别设置手动阀，方便检修。

（11）储罐进液管与出液管应分别设置气动紧急切断阀，紧急切断阀与储罐液位连锁。

（12）卸车出液管与储罐出液管应设置连通阀门。

（13）卸车用的气、液相软管应设置拉断阀，拉断力 800~1400N。

3.3.4 LNG 气化站设备选型

LNG 气化站主要设备宜采用成品设备或撬装设备，充装台、集中放散管可采用现场组装。

1. LNG 储罐

（1）常用 LNG 储罐规格有 $50m^3$、$60m^3$、$100m^3$、$150m^3$。小于等于 $60m^3$ 的 LNG 储罐按有效容积选取，$100m^3$、$150m^3$ 的 LNG 储罐按几何容积选取。

（2）为减少占地，推荐采用立式储罐，当单台储罐容积小于或等于 60m³ 时，可采用卧式储罐。

（3）LNG 储罐主要设备技术参数如表 3-9 所示。

LNG 储罐主要设备技术参数　　　表 3-9

项目		参数
充装率		0.9
容器类别		Ⅱ类
安装方式		立式/卧式
日蒸发率		按《固定式真空绝热深冷压力容器 第 1 部分:总则》GB/T 18442.1—2019 规定执行
内胆	最高工作压力	＜150m³ 的储罐 0.76MPa 150m³ 的储罐 0.7MPa
	最低工作温度	−162℃
	设计温度	−196℃
	材料	06Cr19Ni10 或 X5CrNi18-10
	储存介质	LNG
外胆	工作压力	真空
	设计压力	−0.1MPa
	最高工作温度	50℃
	设计温度	−20～50℃（南方）/−40～50℃（北方）
	材料	Q345R/Q345DR
绝热方式		膨胀珍珠岩/真空粉末
其他技术要求		1. 储罐的根部阀门须采用进口优质阀门,压力表、液位计等采用优质品牌,由厂家配套提供; 2. 罐体 Ⅵ 标示应符合中国燃气 VIS 手册相关要求
设计、制造、检验及验收标准		1.《压力容器[合订本]》GB/T 150.1～GB/T 150.4—2024; 2.《固定式压力容器安全技术监察规程》TSG 21—2016; 3.《固定式真空绝热深冷压力容器 第 3 部分:设计》GB/T 18442.3—2019; 《固定式真空绝热深冷压力容器 第 4 部分:制造》GB/T 18442.4—2019; 《固定式真空绝热深冷压力容器 第 5 部分:检验与试验》GB/T 18442.5—2019; 4. 其他相关国家规范、行业标准

2. 储罐增压器

（1）储罐增压器一般采用卧式结构，常用的储罐增压器规模为 $200 \sim 800 Nm^3/h$。储罐增压器规格的选取需根据储罐规格、工作压力、气化规模计算后确定。

（2）储罐增压器主要参数如表 3-10 所示。

储罐增压器主要参数 表 3-10

项目	参数
设计压力	1.6MPa
设计温度	$-196℃$
进口温度	$-162℃$
出口温度	$-145℃$
主体材质	铝材
结构形式	卧式

3. 卸车增压器（撬）

（1）卸车增压器一般采用卧式结构，常用卸车增压器规模有 $300 Nm^3/h$、$500 Nm^3/h$。南方地区建议选用 $300 Nm^3/h$ 卸车增压器，北方地区（东北、西北）由于冬季室外温度较低，建议选用 $500 Nm^3/h$ 卸车增压器。

（2）卸车增压器应按设计的工艺流程组装成撬，卸车增压器（撬）主要参数如表 3-11 所示。

卸车增压器（撬）主要参数 表 3-11

项目	参数
设计压力	1.6MPa
设计温度	$-196℃$
进口温度	$-162℃$
出口温度	$-145℃$
主体材质	铝材
结构形式	卧式
其他	配卸车软管,软管长 5m,设计爆破压力不小于 4.0MPa

4. 空温式气化器

（1）LNG 气化站空温式气化器一般采用立式结构，气化规模一般为 1000～6000Nm³/h。空温式气化器应设备用。

（2）空温式气化器主要参数如表 3-12 所示。

空温式气化器主要参数　　　　　　　　　　　表 3-12

项目	参数
设计压力	1.6MPa
运行压力	0.4～0.7MPa
设计温度	−196℃
进口温度	−162℃
出口温度	环境温度−10℃
主体材质	铝材
结构形式	立式

5. BOG 加热器

（1）BOG 加热器一般采用立式结构，常见规模有 200～1200Nm³/h，BOG 加热器的设计规模应根据同时卸车的罐车容积、工作压力、储罐规格及台数综合计算后确定。

（2）BOG 加热器主要参数如表 3-13 所示。

BOG 加热器主要参数　　　　　　　　表 3-13

项目	参数
设计压力	1.6MPa
设计温度	−196℃
进口温度	−162℃
出口温度	环境温度−10℃
主体材质	铝材
结构形式	立式

6. EAG 加热器

（1）EAG 加热器一般采用立式结构，常见规模有 100～

$800Nm^3/h$，EAG 加热器的规模根据厂站发生事故时安全阀的泄放量计算后确定。

（2）EAG 加热器主要参数如表 3-14 所示。

EAG 加热器主要参数　　　　　　　　　表 3-14

项目	参数
设计压力	1.6MPa
设计温度	−196℃
进口温度	−162℃
出口温度	环境温度−5℃
主体材质	铝材
结构形式	立式

7. 复热器

（1）LNG 气化站复热器分为电加热复热器与循环热水复热器，考虑运营成本，推荐采用循环热水复热器。对于临时供气站或受场地条件限制，无法配套锅炉房的项目，可采用电加热复热器。

（2）复热器的加热规模与供气规模一致。

（3）电加热、热水循环复热器主要参数如表 3-15、表 3-16 所示。

电加热复热器主要参数　　　　　　　　　表 3-15

项目	参数
管程设计压力	1.6MPa
管程工作压力	0.4~0.7MPa
管程进口温度	最冷月平均环境温度−10℃
管程出口温度	5℃
管程材质	06Cr19Ni10
壳程设计压力	常压
壳程工作压力	常压
壳程设计温度	−20~+90℃（南方）/−40~+90℃（北方）
壳程工作温度	60~70℃
壳程介质	水

热水循环复热器主要参数表　　　　　表 3-16

项目	参数
管程设计压力	1.6MPa
管程工作压力	0.4~0.7MPa
管程进口温度	最冷月平均环境温度−10℃
管程出口温度	5℃
管程材质	06Cr19Ni10
壳程设计压力	1.0MPa
壳程工作压力	0.1~0.3MPa
壳程设计温度	−20~+90℃(南方)/−40~+90℃(北方)
壳程供回水温度	80℃/60℃

8. 调压计量撬

调压计量撬主要参数如表 3-17 所示。

调压计量撬主要参数表　　　　　表 3-17

项目	参数
主调压(含 BOG 调压器)前设计压力	1.6MPa
主调压(含 BOG 调压器)前运行压力	0.4~0.7MPa
主调压(含 BOG 调压器)后设计压力	0.4MPa
主调压(含 BOG 调压器)后运行压力	0.2~0.36MPa
加臭泵配置要求	双泵、防爆、与流量计连锁、带记录及查询功能
计量要求	一开一备(2+0)配置
箱体要求	不锈钢/彩钢板
其他要求	撬内电气、仪表线缆由设备厂家负责安装,并接入撬体防爆接线箱

3.4 压缩天然气供应站

3.4.1 CNG储备站

压缩天然气气瓶运输车将 CNG 运输至城镇压缩天然气储配站，进行卸车、降压和储存，然后进入中、低压管网系统给城镇燃气用户供气。

1. 工艺流程

城镇 CNG 储备站一般包括：卸气、调压、储气、计量加臭等工艺过程，其工艺流程框图如图 3-9 所示。

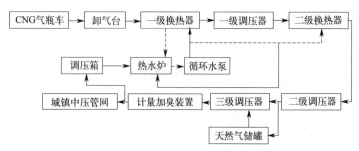

图 3-9 城镇 CNG 储备站的工艺流程框图

CNG 供应站按流程和设备功能分为：

（1）卸车系统：即与气瓶运输车对接的卸气柱及其阀件、管道等。

（2）调压系统：包括高压紧急切断阀、调压器、调压器前后压力表、温度计、放散阀等。CNG 调压系统的通过能力应为最大供气量的 1.2 倍。专用调压箱要求通风应满足每小时不少于 2 次，并设泄漏报警器。对于采用次高、中压储气的输配系统宜设三级调压流程的专用调压箱，宜选取第二级调压出口连通储罐，且按储气工艺要求在储气罐出口设置调压器。

（3）流量计量系统：包括流量计及信号传输通道等。储配站内的计量仪表应设置在压力小于 1.6MPa 的管线上，计量时附设温度-压力传感器，经校正后可换算成标准状态的流量数值。

（4）加臭系统（加臭机）：天然气进入管网系统前添加具有警示作用的加臭剂。

（5）控制系统：包括在线仪表、传感器、中央控制台等。

（6）加热系统：燃气锅炉、热水泵、热水系统及换热器等。天然气锅炉的烟囱排烟温度不得大于 300℃；烟囱出口与天然气放散口的水平距离应大于 5m。

（7）调峰储罐系统：储气形式宜选次高或中压储存，储气能力应不小于储配站计算月平均日供气量的 1.5 倍。次高、中压储罐的选型，应根据城镇输配系统所需储气总容积、输配管网压力和储罐本身相关技术设施等因素进行技术经济比较后确定。

2. 站址选择及平面布置

CNG 供应站的站址选择应符合城镇总体规划的要求，应具有适宜的地形地质、交通、供电和给水排水等条件。

气瓶运输车泊位及卸气柱与站外建（构）筑物，站内天然气次高、中压储气设施及调压计量装置与站外建（构）筑物的防火间距应参照现行国家标准。

CNG 储配站的系统组成与总平面布置应符合下列规定：压缩天然气储配站宜由生产区和辅助区组成。生产区应包括卸气柱、调压、计量储存和天然气输配等主要生产工艺系统。辅助区应由供调压装置的循环热水、供水、供电等辅助的生产工艺系统及办公用房等组成。卸气柱应设置在站内的前沿，且便于 CNG 气瓶运输车出入的地方。

卸气柱的设置数量应根据供应站的规模、气瓶转运车的数量和运输距离等因素确定，但不应少于两个卸气柱及相应的 CNG 运输车泊位。卸气柱应露天设置，通风良好，上部应设置非燃烧材料的罩棚，罩棚的净高不应小于 5.0m，罩棚上应安装防爆照明灯。相邻卸气柱的间隔应不小于 2.0m；卸气柱由高压软管、高压无缝钢管、球阀、止回阀、放散阀和拉断阀等组成，并配置与气瓶转运车充卸接口相应的快装卡套加气接头。

CNG 供应站的调压装置宜采用一体化 CNG 专用调压箱，进口压力不应大于 20MPa；应采用落地式，箱底距地坪高度宜为 30cm；箱体避免被碰撞，不影响观察操作，并在开箱门作业时不影响 CNG 气瓶转运车出入。

3. 工艺要求

（1）CNG 卸气柱至 CNG 减压撬之间的高压 CNG 管道宜采用架空或设管沟敷设，当采用架空敷设时，架空高度不宜小于 0.3m。

（2）减压撬、卸气柱设备基础宜高出地坪 200mm。

（3）CNG 卸气柱可不设罩棚，CNG 减压撬应设置保护箱体。

（4）气瓶车固定车位与卸气柱之间应设置防撞柱或挡车措施，防撞柱或挡车措施距卸车柱不小于 3m。

（5）卸车软管应带拉断阀，拉断力 600～900N。

（6）设备操作、检修、安全放散的放散管口高出 10m 范围内的建（构）筑物 2m 以上，且不小于 5m。

4. 设备选型

（1）卸气柱

CNG 卸气柱选用成品设备，无特殊要求时可不设质量流量计，CNG 卸气柱主要参数如表 3-18 所示。

CNG 卸气柱主要参数表　　　　表 3-18

项目	参数
最大流量	80Nm^3/min
设计压力	27.5MPa
额定压力	20MPa
卸气柱软管直径	DN25
卸气枪嘴	快速接头
其他要求	配卸气软管，软管长 5m

（2）减压撬

CNG 减压撬采用成品撬装设备，CNG 减压撬主要参数如

表 3-19 所示。

CNG 减压撬主要参数表　　　　　表 3-19

项目	参数
调压路配置要求	双入口，2+0 型
一级调压前设计压力	27.5MPa
一级调压前运行压力	3~20MPa
一级调压后二级调压前设计压力	2.5MPa
一级调压后二级调压前运行压力	1.6~2.0MPa
二级调压后设计压力	0.4MPa
二级调压后运行压力	0.2~0.36MPa
箱体要求	不锈钢/彩钢板
其他要求	高压入口端要求设置气动紧急切断阀，切断阀与泄漏报警连锁

1）加热器加热形式分为电加热与循环热水加热，设计规模小于或等于 1000Nm^3/h 时，推荐采用电加热式换热器，大于 1000Nm^3/h 时采用循环热水换热器；临时供气站或场地条件限制无法配套锅炉的厂站可选用电加热换热器。

2）CNG 减压撬调压路采用双路配置（2+0 型），流量计安装在调压后中压出口处，一路一旁通（1+1 型）配置。

3）CNG 减压撬应根据来气是否已加臭选择是否配置加臭机。配置加臭机时，加臭口应设在中压出口管道上，加臭机应采用双泵全自动加臭机，加臭机与流量计连锁。

3.4.2　CNG 瓶组供气站

一些小型压缩天然气接收站不单独设置固定的储气设施，而是将 CNG 气瓶运输车拖车放置在卸气柱，即作为气源，也兼具储气功能；待气瓶中压缩天然气随管网用气卸载后，换接另一辆运输车；卸载后的气瓶运输车加挂车头后再次进入运输过程。为了不间断供气和调节平衡城镇燃气用户小时不均匀性，在卸气柱处必须有气瓶运输车随时在线供气。这类厂站也称为压缩天然气瓶组供气站，其CNG气瓶运输车及卸气柱的配置数量要考虑周转及供气连续性要求。

3.4.3 CNG加压站

天然气加压站的主要任务是得到符合一定质量要求的CNG。根据需要，充装气瓶运输车并给燃气汽车加气，也可以只充装气瓶运输车而不向CNG汽车售气。

根据城镇CNG汽车加气站的布点位置、气瓶运输车的运输距离、气源供应能力以及选用多级压缩机的情况等因素，城镇CNG加压站可均衡设置数个，但单个规模不宜太小。CNG加压站宜靠近气源，并应具有适宜的交通、供电、给水排水、通信及工程地质条件，并符合城镇总体规划的要求。

1. 工艺设计

由城镇天然气管道取气的压缩天然气加压站，其气源压力为高中压，需要经过压缩机增压至20MPa。为防止压缩机过度抽取管道天然气，一般应设置自动控制系统，监控压缩机前端管道压力。通常取气在城镇用气低峰时进行；低于设定压力时，压缩机自动停止取气。图3-10所示为天然气加气站系统的工艺流程框图。

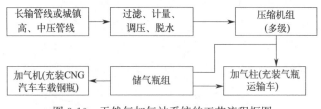

图3-10 天然气加气站系统的工艺流程框图

2. 平面布置

加压站总平面应分区布置，即分为生产区和辅助区。

加压站与站外建（构）筑物相邻一侧，应设置高度不小于2.2m的非燃烧实体围墙；面向进、出口道路一侧宜设置非实体围墙或敞开。

车辆进、出口应分开设置，站内平面布置宜按进站的气瓶转运车正向行驶设计。

站内应设置气瓶运输车的固定车位，每个气瓶车的固定车位宽度不应小于4.5m，长度宜为气瓶车长度。在固定车位场地上应标有各车位明显的边界线，每个车位宜对应1个加气嘴。在固定车位前应留有足够的回车场地；站内的道路转弯半径按行驶车型确定且不宜小于9.0m；道路坡度不应大于6%，且宜坡向站外，固定车位按平坡设计；站内停车场和道路路面不应采用沥青材料。

3.5 汽车加气站

3.5.1 CNG汽车加气站

压缩天然气汽车加气站根据气源来气方式不同等因素一般可分为加气子站和常规站。引入常规站内的天然气需经脱水、脱硫、计量、压缩等工艺后为压缩天然气汽车充装压缩天然气。车用压缩天然气技术指标如表3-20所示。

车用压缩天然气技术指标   表3-20

项目	技术指标
高位发热量(MJ/m³)	＞31.4
总硫(以硫计)(mg/m³)	≤200
硫化氢(mg/m³)	≤15
二氧化碳 CO_2(%)	≤3.0
氧气 O_2(%)	≤0.5
水露点(℃)	在汽车驾驶的特定地理区域内,在最高操作压力下,水露点不应高于-13℃;当最低气温低于-8℃,水露点应比最低气温低5℃

注:本标准中气体体积的标准参比条件是101.325kPa,20℃。

1. CNG 汽车加气站的分类

（1）加气子站

加气子站是指利用气瓶转运车从母站运输来的压缩天然气为天然气汽车进行加气作业的加气站。通常一座加气母站根据规模可供应几座加气子站。当存在以下客观情况时，常采用加气子站：

1）站址远离城镇燃气管网；

2）燃气管网压力较低，中压 B 级及以下不具备接气条件；

3）建设加气站对燃气管网的供气工况将产生较大影响。

（2）常规站

常规站是指由城镇燃气主干管道直接供气为天然气汽车进行加气作业的加气站。此类加气站适用于距压力较高的城镇燃气管网较近、进站天然气压力不低于中压 A 级、气量充足的情况。常规站工艺流程如图 3-11 所示。

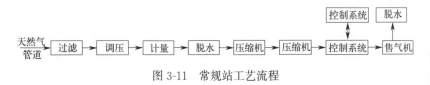

图 3-11 常规站工艺流程

2. CNG 加气子站的工艺流程

压缩天然气汽车加气站一般由天然气引入管、调压、计量、压缩、脱水、储存、加气等主要生产工艺系统及控制系统构成。进站的天然气应达到二类天然气气质标准，并满足压缩机运行要求，否则还应进行脱水、脱硫等相应处理，使其符合车用压缩天然气的使用标准。

（1）加气子站工艺流程

加气子站气源为来自母站的气瓶转运车的高压储气瓶组，一般由压缩天然气的卸气、储存和加气系统组成。

为避免压缩机频繁启动对设备使用寿命产生影响，同时为用户提供气源保障，CNG 加气站应设有储气设施，通常采用高压、中压和低压储气井（或储气瓶组）分级储存方式，由顺序控制盘对其充气和取气过程进行自动控制。充气时，车载高压储气瓶组内的压缩天然气经卸气柱进入压缩机，将 20MPa 加压至 25MPa 后按照起充压力由高至低的顺序向站内储气井（或储气瓶组）充气，即先向高压储气井充气，当压力上升到一定值时，开始向中压储气井充气，及至中压储气井压力上升到一定值时，再开始向低压储气井充气，随后三组储气井同时充气，待上升到最大储气压力后充气停止。储气井（或储气瓶组）向加气机加气的作业顺序与充气过程相反。为汽车加气时，按照先低后高的原则，先由低压储气井（或储气瓶组）取气，当压力下降到一定值时，再逐次由中压、高压储气井（或储气瓶组）取气，直至储气井（或储气瓶组）的压力下降到与汽车加气压力相等时，加气停止。如仍有汽车需要加气，则由压缩机直接向加气机供气。这种工作方式可以提高储气井（或储气瓶组）的利用率，同时提高汽车加气速度。

当车载高压储气瓶组内压力降至 2.0MPa 时，气瓶转运车返回加气母站加气。

（2）常规站工艺流程

常规站的气源来自城镇燃气管道，仅为 CNG 汽车供气，而不具备为气瓶转运车加气的功能，因此其工艺流程中无须设置为气瓶转运车高压储气瓶组充气的燃气管路系统和加气柱，其余与加气母站工艺流程类似。

3. CNG 汽车加气站的主要设备

CNG 汽车加气站一般需要设置调压计量装置、天然气净化装置、天然气压缩系统、高压储气系统、加气设备、控制调节装置及仪表、消防、给水排水、电气等辅助设施。在此主要介绍高压储气系统、加气设备及控制调节装置，其余设备可参考加气母站。

（1）高压储气系统

CNG 汽车加气站常用的储气设施有地上储气瓶和地下储气井两种，设计压力一般为 25MPa。

地上储气瓶按单瓶水容积大小分为小容积储气瓶和大容积储气瓶。小容积储气瓶单瓶水容积有 60L、80L、90L 等规格，多个气瓶组成储气瓶组。该种储气设施初投资费用低，但潜在漏点较多，使用维护费用高。大容积储气瓶单瓶水容积有 250L、500L、1000L、1750L、2000L 甚至更大，为大型无缝锻造压力容器。每个气瓶上设有排水孔，无定期检查要求，初投资费用高，但使用维护费用相对较低。

地下储气井是利用石油钻井技术将套管打入地下，并采用固井工艺将套管固定，管口、管底采用特殊结构形式封闭而形成的一种地下储气设施。储气井具有占地面积小、运行费用低、安全可靠、操作维护简便和事故影响范围小等优点，是 CNG 加气站较为常用的储气方式。常见的储气井规格：储气井井筒直径，$\phi177.8 \sim \phi298.4$mm；井深，$80 \sim 200$m；储气井水容积，$2 \sim 4$m^3；最大工作压力，25MPa。

储气设施的容积大小与储气压力和压缩机向储气设施充气时间等因素有关。储气设施的总容积应根据加气汽车数量、每辆汽车加气时间等因素综合确定。在城镇建成区内，储气设施的总容积应符合下列规定：

1）管道供气的加气站固定储气瓶（井）不应超过 18m^3；

2）加气子站的站内固定储气瓶（井）不应超过 8m^3，包括气瓶转运车高压储气瓶组的总容积不应超过 18m^3。

（2）加气设备

压缩天然气加气设备分为快充式加气机和加气柱，分别为天然气汽车和气瓶转运车加气。

加气机由计量仪表、加气控制阀组、拉断安全阀、加气枪、微机显示屏、压力保护装置和远传装置等构成。加气机的微机控制器自动控制加气过程，并对流量计在计量过程中输出的流量信号和压力变送器输出的电信号进行监控、处理和显示。加气机气路系统负责对售气过程的顺序进行控制并在售气结束后自动关闭电磁阀。此外，一般加气机还配有压力温度补偿系统，也称防过充系统，以保证在加气时根据温度调节充装压力。加气柱一般由阀门组构成，可根据情况配备计量仪表和压力温度补偿装置。

加气机流量计量仪表常采用质量流量计，以避免天然气密度、黏度、压力、温度等变化对体积流量的影响。测定的质量流量可通过设定的计算程序转换为体积流量，在加气机显示屏上显示。

汽车加气站内加气机设置数量应根据加气站规模、高峰期加气汽车数量等因素确定。

（3）控制调节装置

加气站内的控制调节装置主要指顺序控制盘，其作用是控制站内设备的正常运转和对有关参数进行监控，并在设备发生故障时自动报警或停机。

压缩机按起充压力高压、中压、低压为储气井（或储气瓶组）充气，充气过程的顺序由充气控制盘控制；从储气设施向汽车加气过程的顺序由加气控制盘控制。国外进口压缩机常将加气控制盘和充气控制盘合二为一，采用 PLC 实现设备的全自动化操作。

4. CNG 汽车加气站的平面布置

压缩天然气加气站的站址宜靠近气源，并应具有适宜的交通、供电、给水排水、通信及工程地质条件，且应符合城镇总体规划的要求。

压缩天然气加气站的总平面应分区布置，即分为生产区和辅助区。生产区一般包括压缩机房、储气瓶组或储气井、汽车加气岛、CNG 气瓶转运车加气柱等。辅助区指用于实现生产作业以外的建（构）筑物，如综合楼、花坛等。加气站车辆出口和入口应分开设置。

压缩天然气加气站和加油加气合建站的压缩天然气工艺设施与站内外建（构）筑物的安全防火间距应符合国家相关规范的规定。

5. CNG 汽车加气站工艺要求

（1）CNG 常规加气站干燥器宜选用前置干燥器。

（2）CNG 常规加气站调压计量撬、干燥器应设置整体罩棚，罩棚大小超出设备边缘 2m，净高高出设备最高处 1m 以上，且不低于 3.5m；压缩机露天设置时，压缩机应设置保护箱体。

（3）CNG 常规加气站进站调压计量若采用现场组装，管中标高相对于安装地面统一为 1.00m。

（4）CNG 常规加气站设备进出口阀门宜水平安装，安装高度应便于检修。

（5）CNG 加气站加气机入口阀门宜竖直安装于加气机底部管槽内，安装高度应能保证在加气机侧面板打开时伸手可触及；或水平安装于通往加气机的水平沟槽内，阀门应靠近加气机。

（6）CNG 常规加气站压缩机进出口管道宜埋地或随沟敷设，设备入口前管道变径宜布置在水平埋地或沟槽段。

（7）CNG 加气站（含 L-CNG、液压子站、常规子站）CNG管道应设管沟敷设，沟内填砂。

（8）北方地区，压缩机应选用风冷或混冷型，南方地区可选用水冷型，如场地受限或缺水地区可选用风冷/混冷型。

6. CNG 汽车加气站设备选型

（1）CNG 子站

CNG 常规子站一般由 CNG 卸气柱、压缩机、顺序盘、储气井及加气机组成，CNG 液压子站一般由液压撬、加气机组成，相关技术要求如下。

1）CNG 常规子站卸气柱的技术要求同 CNG 储配站卸气柱，宜配置质量流量计。

2）CNG 常规子站的 CNG 压缩机可不设备用。

3）CNG 常规子站的顺序盘推荐由压缩机设备厂家配套提供（与压缩机成撬），特殊情况也可以现场单独设置。

4）CNG 常规子站固定储气容积一般按 $6m^3$ 考虑，根据现场情况确定储气方式，推荐采用储气瓶储气。采用储气井时，高、中压储气井容积分别为 $2m^3$ 与 $4m^3$，不设低压储气井。

5）CNG 液压撬选型应依据日加气规模选择合适大小的液压撬。

6）设计规模小于等于 $10000Nm^3/d$ 的子站一般设置 2 台双枪加气机，设计规模大于 $10000Nm^3/d$ 的加气站设置 2~4 台双枪加气机。

（2）CNG 常规加气站（含母站）

CNG 常规加气站（含母站）一般由调压计量撬、干燥器、压缩机、顺序控制盘、储气井、加气机（柱）组成，相关要求如下。

1）CNG 常规加气站调压计量撬形式，当采用中压入口时，采用 1＋1 型，高压入口时采用"2＋0"型。CNG 母站调压计量撬采用"2＋0"型。

2）CNG 母站干燥机及压缩机应根据加气规模按日加气 14～16h 进行计算后选型。

3）CNG 常规加气站干燥机宜设置在压缩机之前，干燥器不设备用。

4）CNG 常规加气站储气容积一般按 12m^3 考虑，根据现场情况确定储气方式，推荐采用储气瓶储气；采用储气井储气时，高、中、低压储气井容积比例宜为 1：2：3。

5）设计规模小于等于 10000Nm^3/d 的加气站一般设置 2 台双枪加气机，规模大于 10000Nm^3/d 的加气站设置 2～4 台双枪加气机。

3.5.2 液化天然气汽车加气站

1. LNG 汽车加气站

LNG 汽车一次加气可连续行驶 1000～1300km，可适应长途运输，减少加气次数。LNG 汽车加气站工艺流程，如图 3-12 所示。LNG 汽车加气站设备主要包括 LNG 储罐、增压气化器、LNG 低温泵、LNG 加气机及加气枪等。运输槽车上的 LNG 需通过泵或自增压系统升压后卸出，送进加气站内的 LNG 储罐。通常运输槽车内的 LNG 压力低于 0.35MPa。卸车过程通过计算机监控，以确保 LNG 储罐不会过量充装。LNG 储罐容积一般采用 50～120m^3。

槽车运来的 LNG 卸至加气站内的储罐后，通过低温泵使部分 LNG 进入增压气化器，气化后的天然气回到罐内升压，使罐内压力维持在 0.55～0.69MPa。加气压力（天然气发动机正常运转所需要的）为 0.52～0.83MPa。依靠低温泵给汽车加气。

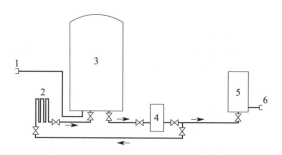

图 3-12　LNG 汽车加气站工艺流程

1—卸车接头；2—增压气化器；3—LNG 储罐；

4—LNG 低温泵；5—LNG 加气机；6—加气枪

加气机在加液过程中不断检测液体流量。当液体流量明显减小时，加注过程会自动停止。加气机上会显示出累积的 LNG 加注量。加注过程通常需要 3～5min 左右。

PLC 控制盘利用变频驱动手段，调节加气站的运行状况，监测流量、压力以及储罐液位等参数。

2. L-CNG 汽车加气站

LNG 高压气化后也可为 CNG 汽车加气。在有 LNG 气源同时又有 CNG 汽车的地方，可以建设液化-压缩天然气（L-CNG）加气站，为 CNG 汽车加气。采用高压低温泵可使液体加压，在质量流量和压缩比相同的条件下，高压低温泵的投资、能耗和占地面积均远小于气体压缩机。利用高压低温泵将 LNG 加压至 CNG 所需压力，再经过高压气化器使 LNG 气化后，通过顺序控制盘储存于 CNG 高压储气瓶组，当需要时通过 CNG 加气机向 CNG 汽车加气。

L-CNG 汽车加气站设备主要包括 LNG 储罐、高压低温泵、高压气化器、CNG 储气瓶组、CNG 加气机及加气枪等。L-CNG 汽车加气站的工艺流程如图 3-13 所示。

L-CNG 汽车加气站中的监控系统，除具有 LNG 汽车加气站监控系统的功能外，还具有监测 CNG 储气瓶组压力并自动启停高压

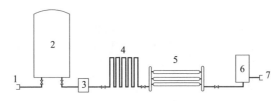

图 3-13　L-CNG 汽车加气站的工艺流程
1—卸车接头；2—LNG 储罐；3—高压低温泵；4—高压气化器；
5—CNG 储气瓶组；6—CNG 加气机；7—加气枪

低温泵的功能。

L-CNG 汽车加气站也可配置成同时为 LNG 汽车和 CNG 汽车服务的加气站。只需在 LNG 站的基础上，以较小的投资增加高压低温泵、高压气化器、CNG 储气设施和 CNG 加气机等设备即可。

3. LNG 汽车加气站工艺要求

（1）LNG 加气站、L-CNG 汽车加气站内低温管道宜架空敷设，去加气机低温液相管道应随沟敷设，沟内不填砂。

（2）LNG 加气站现场安装管路宜采用 PIR 管壳或其他非真空保温管进行保温。

（3）LNG 加气站潜液泵至 LNG 加气机管路总长度不应大于 40m。

4. LNG 汽车加气站设备选型

LNG 汽车加气站一般由储罐、潜液泵撬、LNG 加气机组成，相关技术要求如下：

（1）LNG 及 L-CNG 汽车加气站储罐一般采用 60m³ 卧式 LNG 储罐（储罐规格按有效容积选取），当受条件限制时，也可选择立罐或其他小规格储罐，储罐储存天数按 2 天考虑。

（2）当站内设置 1 台单枪 LNG 加气机时，推荐采用 340L/min 潜液泵，当站内设置 2 台单枪 LNG 加气机时，推荐采用 440L/min 潜液泵。

（3）LNG 汽车加气站潜液泵可不设备用。

（4）LNG 汽车加气站加气机一般采用单枪加气机，带回气计量。

（5）L-CNG 汽车加气站柱塞泵应设置 2 台，一用一备。

（6）L-CNG 汽车加气站高压气化器应采用 2 台，相互切换使用。

（7）L-CNG 汽车加气站复热器不设备用。

（8）L-CNG 汽车加气站储气容积一般按 $12m^3$ 考虑，根据现场情况确定储气方式，推荐采用储气瓶储气；采用储气井储气时，高、中、低压储气井容积比例宜为 1：2：3。

3.6 应急撬装站

城镇燃气应急供气是供气保障的重要一环。《城镇液化天然气（LNG）气化供气装置》GB/T 38530—2020、《液化天然气应急气化技术规程》T/CAS 571—2022 等一系列标准的实施，为城镇燃气应急保供提供了体系化的保障，推动撬装式应急供气装置不断完善。

应急供气装置由工艺部分、原料气供应部分和数据采集远传三部分组成。尤其原料气的选择直接影响工艺系统和整体应急系统的运行状态。按城镇燃气的气源种类，应急供气装置可以分为天然气、液化石油气和人工煤气应急供气装置。

3.6.1 天然气应急供气装置

天然气应急供气最常用的气源是液化天然气 LNG 和压缩天然气 CNG。其中 LNG 具有较大的储运密度，可用于应急供气流量较大、供气时间较长的应急场景。实际应用中需要结合当地资源条件选择原料气源。通过应急供应工程向用户供应的天然气，其质量应符合现行国家标准《天然气》GB 17820 的规定。应急供应工程自投产运行开始，使用时间不应超过 180d；当超过 180d 时，其设计应符合现行国家标准《城镇燃气设计规范（2020 年版）》GB 50028 的有关规定。应急供应期间，应全程有人员值守。

1. 液化天然气 LNG 应急供气装置

（1）LNG 瓶组式应急供气装置

以液化天然气瓶组作为气源时，瓶组总容积不应大于 $4m^3$，单瓶容积不应大于 410L。

该装置的 LNG 瓶组（单瓶容积为 175L 或 210L）依据供气流量和持续供气时间可以采用单瓶或多瓶组成（需要汇流排），气化装置通常采用空温气化模式。供气流量范围：$50\sim500m^3/h$。

（2）LNG 储罐式应急供气装置

小型 LNG 储罐式（容量范围：$1\sim2m^3$）应急供气模式在行业中通常叫"快易冷"或"速易冷"，是一种简易集成式的供气装置，该装置将 LNG 存储和气化集中为一体，结构更为紧凑。运行中需要给小型 LNG 储罐进行充装作业。供气流量范围：$50\sim500m^3/h$。

采用 $20m^3$ 以下的 LNG 储罐作为存储设备，方便吊装和储液。按照《城镇液化天然气（LNG）气化供气装置》GB/T 38530—2020 规定，无须设置消防水池和喷淋设施，因此可方便用于应急供气装置。供气流量范围：$20\sim1000m^3/h$。

（3）强制气化型 LNG 应急供气撬/车

强制气化型 LNG 应急供气撬是一种设备高度集成的专业应急供气设备。将卸车、调压、计量、加臭等功能集成在一个集装箱内，整套装置无须外供能源，以系统自身的天然气作为加热气源，利用热水加热气化 LNG，工艺过程温和稳定，气化流量稳定持续。该装置工艺集成度高，设备体积小，方便吊装运输。将加热燃烧器设置在防爆箱内，吸气和烟气均通过阻火器与外部隔绝，使此装置可以在 II 类防爆区域内使用。气化供气流量为 $300\sim20000m^3/h$，普通供气压力为 $0.1\sim0.6MPa$，也可以通过配置增压泵提高供气压力。

强制气化型 LNG 供气车是在应急供气撬的基础上集成了牵引和动力系统的可移动应急供气装置。

2. 压缩天然气 CNG 应急供气装置

CNG 应急供气需要将 20MPa 左右高压的 CNG 平稳降压至供

气压力,同时克服节流降压过程中造成的急剧温度下降。CNG 应急供气装置将减压、换热、计量、加臭及自控等功能高度集成在一个集装箱内,采用整体防爆的自加热方式,将 CNG 罐车内压力通过两级或多级减压卸放至管道压力。供气流量 $100\sim7000m^3/h$,供气压力 $0.1\sim1.2MPa$。

3.6.2 液化石油气应急供气装置

对于小型餐饮的液化石油气应急供气装置可采用 LPG 瓶组气化撬,对于规模较大工业液化石油气用户或区域液化石油气管输系统的应急供气装置可采用强制气化型 LNG 应急供气撬或强制 LNG 应急供气车。这两种装置可以气化 LNG 也可以气化 LPG($1000m^3/h$ 的 LNG 气化能力可以气化 LPG 约 $800kg/h$)。气源可以是 LPG 瓶组、小型储罐或 LPG 槽车。

3.6.3 人工煤气应急供气装置

人工煤气应急供气装置通常采用天然气掺混空气的工艺方式。天然气可以是 LNG 或 CNG,通过气化或减压达到设定压力;空气采用空气压缩机、冷干机和过滤器获得。空气和天然气按照设定比例(通常是 50:50)通过自动掺混装置制造出可替代人工煤气的合成气体,从而达到应急供气的目的。由于天然气掺混空气比例距爆炸极限的允许范围 70% 比较接近,装置的安全保障非常重要。

第4章

燃气输配系统设计

城镇燃气输配系统是指由气源点至终端用户的全部设施构成的系统，包括城市门站或人工气源厂压缩机站、储气设施、调压装置、输配管道、计量装置等，其中储气、调压与计量装置可单独或合并设置，也可设在门站或气源厂压缩机站内。本章主要涉及城镇天然气输配系统中的调压装置、输配管道、计量装置等。

4.1 燃气管网方案设计

4.1.1 气源选择

城镇燃气的气源选择是综合考虑各种复杂因素的结果。其中，气源资源和城镇条件是选择气源时需要考虑的主要因素。应根据城镇的"需要"和气源供应的"可能"综合确定气源方案。对燃气气源的选择需遵循以下原则：

（1）燃气气源应符合现行国家标准《城镇燃气分类和基本特性》GB/T 13611 的规定，主要包括天然气、液化石油气和人工煤气等。

（2）燃气气源选择应遵循国家能源政策，坚持降低能耗、高效利用的原则；应与本地区的能源、资源条件相适应，满足资源节约、环境友好、安全可靠的要求。

（3）燃气气源宜优先选择天然气、液化石油气和其他清洁燃料。当选择人工煤气作为气源时，应综合考虑原料运输、水资源因素及环境保护、节能减排等要求。

（4）燃气气源供气压力和高峰日供气量，应能满足燃气管网的输配要求。

（5）气源点的布局、规模、数量等应根据上游来气方向、交接点位置、交接压力、高峰日供气量、季节调峰措施等因素，经技术经济比较确定。门站负荷率宜取 $50\%\sim80\%$。

（6）中心城区规划人口大于 100 万人的城镇输配管网，宜选择 2 个及以上的气源点。气源选择时应考虑不同种类气源的互换性。

确定气源时，既要考虑燃气事业的社会效益和环境效益，也要运用价值规律。只有这样，才能保证燃气事业的稳定和可持续发展。

4.1.2 压力级制

作为城市生命线工程的城镇燃气，其输配系统高效、经济地运行至关重要。其中，管网系统的压力级制设计是确保燃气供应安全和经济性的关键。合理设定压力级制不仅能优化输送成本，还能满足不同用户的燃气需求，保障燃气使用的安全性。以下详细阐述城镇燃气管网系统的压力级制及其必要性。

1. 城镇燃气管网系统的压力级制

确定输配系统压力级制时，应考虑下列因素：①气源；②城市现状与发展规划；③储气措施；④大型用户与特殊用户状况。根据所采用的管网压力级制可分为以下几种形式：

（1）一级系统

仅用一种压力级制的管网分配和供给燃气的系统，通常为低压或中压管道系统。一级系统一般适用于小城镇的供气。当供气范围较大时，输送单位体积燃气的管材用量将急剧增加。

（2）二级系统

用两种压力级制的管网分配和供给燃气的系统。设计压力一般为中压 B-低压或中压 A-低压等。

（3）三级系统

用三种不同压力级制的管网分配和供给燃气的系统。设计压力一般为高压-中压-低压或次高压-中压-低压等。

（4）多级系统

用三种以上压力级制的管网分配和供给燃气的系统。

燃气输配系统中各种压力级制的管道之间应通过调压装置连接，降压进入下一级系统。

2. 采用不同压力级制的必要性

城镇燃气输配系统中管网采用不同压力级制的原因如下：

（1）各类用户需要的燃气压力不同。例如，居民用户和小型商业用户需要低压燃气，而大型工业企业往往需要中压或以上压力的燃气。

（2）管网采用不同压力级制的经济性较好。当大部分燃气由较高压力的管道输送时管道的管径可以选得小一些，管道单位长度的压力损失允许大一些，可以节省管材。将大量的燃气从城镇的某一区域输送到另一区域，采用较高的输气压力比较经济合理。对城镇里的大型工业企业用户，也可敷设压力较高的专用输气管线。

（3）消防安全要求。在未改建的老城区，建筑物比较密集，街道和人行道都比较狭窄不宜敷设较高压力的管道。此外，由于人口密度较大，从安全运行和方便管理的角度看也不宜敷设高压或次高压管道，只能敷设中压或低压管道。另外，大城市燃气输配系统的建造、扩建和改建过程历时较长，因此老城区原有燃气管道的设计压力大多比近期建造管道的压力低。

4.1.3　管网布线

城镇燃气管道的布线，是指城镇管网系统在原则上确定之后，决定各管段的具体位置。城镇燃气管道一般采用地下敷设，当遇到河流或厂区敷设等情况时，也可采用架空敷设。

1. 城镇燃气管道布线依据

城镇地下燃气管道宜沿道路、人行便道敷设，或敷设在绿化带内。不同压力的燃气管道在布线时，应考虑下列基本情况：

（1）管道中燃气的压力；

（2）街道地下其他管道设施、构筑物的密集程度与布置情况等；

（3）街道交通量和路面结构情况，以及运输干线的分布情况；

（4）所输送燃气的含湿量，必要的管道坡度，街道地形变化情况；

（5）与管道相连接的用户数量及用气情况；

（6）管道布线所遇到的障碍物情况；

（7）土壤性质、腐蚀性能、地下水位和冰冻线深度；

（8）管道在施工、运行和万一发生故障时，对交通和人民生活的影响。

在布线时，主要是确定燃气管道沿城镇街道的平面位置、在地表下的纵断位置（包括敷设坡度等）。

由于输配系统各级管网的输气压力不同，其设施和防火安全的要求也不同，而且各自的功能也有所区别、应按各自的特点进行布线。

2. 高压燃气管道的布线

高压燃气管道的主要功能是输气，并通过调压站向压力较低的各环网配气。一般按以下原则布线：

（1）城镇燃气管道通过的地区，应按沿线建筑物的密集程度划分为四个管道地区等级，并依据管道地区等级进行相应的管道设计。不同等级地区地下燃气管道与建筑物之间的水平和垂直净距，应符合现行国家标准《城镇燃气设计规范（2020 年版）》GB 50028 的相关规定。

（2）高压燃气管道宜采用埋地方式敷设，当个别地段需要采用架空敷设时，必须采取安全防护措施。

（3）高压燃气管道不应通过军事设施、易燃易爆仓库、国家重点文物保护单位的安全保护区、飞机场、火车站、海（河）港码头等。当受条件限制管道必须通过上述区域时，必须采取安全防护措施。

3. 次高压、中压管道的布线

一般按以下原则布置：

（1）次高压管道宜布置在城镇边缘或城镇内有足够埋管安全距离的地带，并应连接成环，以提高供气的可靠性。

（2）中压管道应布置在城镇用气区便于与低压环网连接的规划道路上，但应尽量避免沿车辆来往频繁或闹市区的主要交通干线敷设，否则会对管道施工和管理维修造成困难。

（3）中压管网应布置成环网，以提高其输气和配气的可靠性。

（4）次高压、中压管道的布置，应考虑对大型用户直接供气的可能性，并应使管道通过这些地区时尽量靠近这类用户，以利于缩短连接支管的长度。

（5）次高压、中压管道的布置应考虑调压站的布点位置，尽量使管道靠近各调压站，以缩短连接支管的长度。

（6）从气源厂连接次高压或中压管网的管道应尽量采用双管敷设。

（7）由次高压、中压管道直接供气的大型用户，其用户支管末端必须考虑设置专用调压站。

（8）为了便于管道管理、维修或接新管时切断气源，次高压、中压管道在下列地点需装设阀门：

1）气源厂的出口；

2）储配站、调压站的进出口；

3）分支管的起点；

4）重要的河流、铁路两侧（单支线在气流来向的一侧）；

5）管线应设置分段阀门，一般每公里设一个阀门。

（9）次高压、中压管道应尽量避免穿越铁路或河流等大型障碍物，以减少工程量和投资。

（10）次高压、中压管道是城镇输配系统的输气和配气主要干线，必须综合考虑近期建设与长期规划的关系，以延长已经敷设的管道的有效使用年限，尽量减少建成后改线扩大管径或增设双线的工程量。

（11）当次高压、中压管网初期建设的实际条件只允许布置成半环形或枝状管网时，应根据发展规划使之与规划环网有机联系，防止以后出现不合理的管网布局。

4. 低压管道的布线

低压管网平面布置应考虑以下几点：

（1）低压管道的输气压力低。沿程压力降的允许值也较低，故低压干管成环时边长一般控制在 300～600m 之间；

（2）为保证和提高低压管网的供气可靠性，给低压管网供气的相邻调压站之间的管道应成环布置；

（3）有条件时低压管道应尽可能布置在街坊内兼作庭院管道，以节省投资；

（4）低压管道可以沿街道的一侧敷设，也可以双侧敷设。在有轨电车通行的街道上，当街道宽度大于 20m、横穿街道的支管过多或输配气量较大、限于条件不允许敷设大口径管道时，低压管道可采用双侧敷设；

（5）低压管道应按规划道路布线，并应与道路轴线或建筑物的前沿相平行，尽可能避免在高级路面下敷设；

（6）地下燃气管道不得从建筑物（包括临时建筑物）下面穿过，不得在堆积易燃、易爆材料和具有腐蚀性液体的场地下面穿越；并不能与其他管线或电缆同沟敷设。当需要同沟敷设时，必须采取防护措施。

为了保证在施工和检修时互不影响，也为了避免由于燃气泄漏影响相邻管道的正常运行，甚至逸入建筑物内，地下燃气管道与建筑物、构筑物或相邻管道之间的水平净距如表 4-1 所示。

地下燃气管道与建（构）筑物、相邻管道之间的水平净距（m）表 4-1

项目		地下燃气管道压力（MPa）				
		低压	中压		次高压	
		＜0.01	B≤0.2	A≤0.4	B≤0.8	A≤1.6
建筑物	基础	0.7	1.0	1.5	—	—
	外墙面（出地面处）	—	—	—	5.0	13.5

续表

项目		地下燃气管道压力（MPa）				
		低压	中压		次高压	
		<0.01	B≤0.2	A≤0.4	B≤0.8	A≤1.6
给水管		0.5	0.5	0.5	1.0	1.5
污水、雨水排水管		1.0	1.2	1.2	1.5	2.0
电力电缆（含电车电缆）	直埋	0.5	0.5	0.5	1.0	1.5
	在导管内	1.0	1.0	1.0	1.0	1.5
通信电缆	直埋	0.5	0.5	0.5	1.0	1.5
	在导管内	1.0	1.0	1.0	1.0	1.5
其他燃气管道	DN≤300mm	0.4	0.4	0.4	0.4	0.4
	DN>300mm	0.5	0.5	0.5	0.5	0.5
热力管	直埋	1.0	1.0	1.0	1.5	2.0
	在管沟内（至外壁）	1.0	1.5	1.5	2.0	4.0
电杆（塔）的基础	≤35kV	1.0	1.0	1.0	1.0	1.0
	>35kV	2.0	2.0	2.0	5.0	5.0
通信照明电杆（至电杆中心）		1.0	1.0	1.0	1.0	1.0
铁路路堤坡脚		5.0	5.0	5.0	5.0	5.0
有轨电车钢轨		2.0	2.0	2.0	2.0	2.0
街树（至树中心）		0.75	0.75	0.75	1.2	1.2

注：1 当次高压燃气管道压力与表中数不同时，可采用直线方程内插法确定水平净距。

2 如受地形限制无法满足表4-1时，经与有关部门协商，采取行之有效的防护措施后，表4-1规定的净距，均可适当缩小，但低压管道应不影响建（构）筑物和相邻管道基础的稳固性，中压管道距建筑物基础不应小于0.5m且距建筑物外墙面不应小于1m，次高压燃气管道距建筑物外墙面不应小于3.0m。其中当对次高压A燃气管道采取有效的安全防护措施或当管道壁厚不小于9.5mm时，管道距建筑物外墙面不应小于6.5m；当管道壁厚不小于11.9mm时，管道距建筑物外墙面不应小于3.0m。

3 表4-1规定除地下室燃气管道与热力管的净距不适于聚乙烯燃气管道和钢骨架聚乙烯塑料复合管外，其他规定也均适用于聚乙烯燃气管道和钢骨架聚乙烯塑料复合管道。聚乙烯燃气管道与热力管道的净距应按国家现行标准执行。

4 地下燃气管道与电杆（塔）基础之间的水平净距，还应满足地下燃气管道与交流电力线接地体的净距规定。

4.1.4 穿跨越工程

在城市区域范围，可能存在河、湖水面，以及铁路公路、桥梁，铺设天然气管道需要穿跨越工程。这与天然气长输管道所面临的情况是相似的。

1. 设计原则

管道穿跨越工程在满足有关法规、规范与标准的前提下应考虑如下原则。

（1）首先要确保管道与穿跨越处交通设施等的安全性，并对运输、防洪、河道形态、生态环境，以及水工构筑物、码头、桥梁等不构成不利的影响。

（2）穿跨越位置选择应服从线路总体走向，线路局部走向应服从穿跨越位置的选定。选定穿跨越位置应考虑地形与地质条件，具有合适的施工场地与方便的交通条件。在此基础上进行穿跨越位置多方案比选。

（3）应进行整个工程方案的技术经济比较，采用技术可行，投资节约的方案。一般情况下穿越方式优于跨越方式。

（4）工程设计应取得穿跨越处相关主管部门同意，并签订协议后进行。

2. 管道地层下穿越

水域与冲沟穿越工程是天然气输配管道工程中技术含量较高、投资较大的建设项目，其应遵守的主要技术要求如下。

（1）穿越工程应确定工程等级，并按工程等级考虑设计洪水频率。穿越水域与冲沟工程等级如表4-2、表4-3所示。

穿越水域工程等级 表4-2

工程等级	穿越水域的水文特征	
	多年平均水位水面宽度（m）	相应水深度（m）
大型	≥200	不计水深
	≥100～<200	≥5

续表

工程等级	穿越水域的水文特征	
	多年平均水位水面宽度(m)	相应水深度(m)
中型	≥100～<200	<5
	≥40～<100	不计水深
小型	<40	不计水深

穿越冲沟工程等级 表4-3

工程等级	冲沟特征	
	冲沟深度(m)	冲沟边坡(°)
大型	>40	>25
中型	10～40	>25
小型	<40	—

（2）穿越管段与大桥的距离不小于100m、距小桥不小于80m，若爆破成沟，应增大安全距离；与港口、码头、水下建筑物或引水建筑物的距离不小于200m。

（3）穿越管段位于地震基本烈度7度及7度以上地区时应进行抗震设计。

（4）穿越位置应选在河道或冲沟顺直、水流平缓、断面基本对称、岩石构成较单一、岩坡稳定、两岸有足够施工场地的地段，且不宜在地震活动断层上；穿越管段应垂直水流轴向，如需斜交，交角不宜小于60°。

（5）根据水文、地质条件，可采用控沟埋设、定向钻、顶管、隧道（宜用于多管穿越）敷设方法，有条件地段也可采取裸管敷设，但应有稳管措施。定向钻敷设管段管顶埋深不宜小于6m，最小曲率半径应大于1500DN。定向钻与顶管适用与不适用场合如表4-4所示。

（6）顶管采用钢管时，焊缝应进行100%的射线照相检验。

（7）定向钻的燃气钢管焊缝应进行100%的射线照相检查；燃气钢管的防腐应为特加强级；燃气钢管敷设的曲率半径应满足管道强度要求，且不得小于钢管外径的1500倍。

定向钻与顶管适用与不适用场合 表 4-4

敷设方法	适用场合	不适用场合
定向钻	黏土、粉质黏土、砂质河床	岩石、流砂、卵砾石河床
顶管	砾石、砂、砂土、黏土、泥灰岩等土层	流砂、淤泥、沼泽、岩石层

（8）挖沟埋设的管顶埋深，按表 4-5 规定实施。岩石管沟应超过规定值挖深 20cm，管段入沟前填 20cm 厚的砂类土或细砂垫层。

挖沟埋设的管顶埋深（m） 表 4-5

类别	大型	中型	小型	备注
有冲刷或疏浚水域，应在设计洪水冲刷或规划疏浚线下	≥1.0	≥0.8	≥0.5	注意船锚与疏浚机具不得损伤防腐层
无冲刷或疏浚水域，应在水床底面以下	≥1.5	≥1.3	≥1.0	
河床为基岩时，嵌入基岩深度（在遇到洪水时不被冲刷）	≥0.8	≥0.6	≥0.5	用混凝土覆盖封顶，防止淘刷

（9）各种方式穿越管段均不得产生漂浮和移位，如产生漂浮和移位必须采取稳管措施。

（10）穿越重要河流的管道应在两岸设置阀门。

（11）穿越管段不得在铁路、公路隧道中敷设（专用隧道除外）。

某河流穿跨越方案比较如表 4-6 所示，其中投资比以大开挖方式为 1 进行比较。比较结果选用定向钻方案。

某河流穿跨越方案比较 表 4-6

方案项目	挖沟	定向站	隧道	跨越
管径(mm)	DN700	DN700	DN700	DN700
长度(m)	700	850	720	680(主跨 400)
敷设方法	(1)泥船等机械挖沟；(2)拖管或沉管就位；(3)管沟回填或自然回淤	(1)定向钻钻导向孔；(2)扩孔回拖管道	(1)顶管机顶混凝土管；(2)管道在巷道或竖(斜)井内组装	利用塔架、拉牵将管道固定

方案项目	挖沟	定向站	隧道	跨越
稳管方式	重晶石加重块＋河床相对稳定层＋管重	河床相对稳定层＋管重	混凝土管＋河床相对稳定层＋管重	塔架＋拉牵＋管重
投资比	1.0	0.60	0.87	1.83
优点	占地与投资较少,建成后,不影响通航	工期最短,投资最少,施工不影响航行,且不受季节限制,不需破防洪堤,管道受水流冲刷少,减少管道维护工作量,占地较少	施工不影响航行,且不受季节限制,不需破防洪堤,管道不受水流冲刷,减少管道维护工作量,占地较少,增设线费用少	不需破防洪堤,管道不受水流冲刷,增设复线费用少
缺点	事故时不易检修,施工影响航行,并受季节限制,需开挖防洪堤,管道易受水流冲刷,增设复线费用较高	事故时不易检修	工期较长	维护费用较高,投资最高,工期较长,占地与拆迁房屋较多,抗震与耐腐蚀较差

3. 铁路、公路穿越

穿越铁路、公路等陆上交通设施是天然气城区输配管网较多出现的项目,根据穿越对象的不同,技术要求有所区别,主要技术要求如下。

(1)管道宜垂直穿越铁路、高速公路、电车轨道和城镇主要干道。

(2)穿越Ⅰ、Ⅱ、Ⅲ级铁路应设置保护套管,穿越铁路专用线可根据具体情况采用保护套管或增加管壁厚度。穿越铁路的保护套管的埋深从铁路轨底至套管顶应不小于1.2m,并应符合铁路管理部门要求。套管内径大于管道外径100mm以上,套管与燃气管间应设绝缘支撑,套管两端与燃气管的间隙应采用柔性的防腐、防水与绝缘的材料密封。套管一端应装设检漏管。套管端部距堤坡脚外距离不得小于 2m。宜采用顶管或横孔钻机穿管敷设。

（3）穿越高速公路与Ⅱ级以上公路应设置保护套管。穿越Ⅲ级与Ⅲ级以下公路可根据具体情况采用保护套管或增加管壁厚度。套管两端应采用耐久的绝缘材料密封。在重要地段的套管宜安装检漏管，套管端部距道路边缘不应小于 1m。套管内径与套管内绝缘支撑同穿越铁路要求。穿越Ⅱ级与Ⅱ级以上公路的穿管敷设方法同穿越铁路，Ⅲ级与Ⅲ级以下公路可挖沟穿管敷设。

（4）穿越电车轨道和城镇主要干道时宜将管道敷设在保护套管或地沟内，套管端部距电车轨道边轨不应小于 2m，套管内径、套管内设绝缘支撑、套管部距道路边缘距离、套管或地沟两端密封与安装检漏管同穿越公路要求。城区主要干道可挖沟穿管敷设。

（5）保护套管宜采用钢管或钢筋混凝土管。

（6）严禁在铁路厂站、有值守道口、变电所、隧道和设备下面穿越，严禁在穿越铁路公路管段上设置弯头和产生水平或竖向曲线。穿越铁路、公路应避开石方区、高填方区、路堑、道路两侧为同坡向的陡坡地段。

（7）钢套管或无套管穿越管段应按无内压状态验算在外力作用下管子径向变形，其水平直径方向的变形量不得超过管子外直径的 3%。穿越铁路、公路的管段，当管顶最小埋深大于 1m 时，可不验算其轴向变形。

4. 管道跨越

跨越管道工程按工程类别有附桥跨越、管桥跨越与架空跨越等，其主要技术要求如下。

（1）跨越点选择在河流较窄、两岸侧向冲刷及侵蚀较小、并有良好稳定地层处；如河流出现弯道时，选在弯道上游平直段；附近如有闸坝或其他水工构筑物，选在闸坝上游或其他水工构筑物影响区外；避开地震断裂带与冲沟沟头发育地带。

（2）设计洪水频率按表 4-7 选用，设计洪水位由当地水文资料确定。

设计洪水频率　　　　　　　　　　表 4-7

工程分类	大型	中型	小型
设计洪水频率(1/a)	1/100	1/50	1/20

（3）管道在通航河流上跨越时，其架空结构最下缘净空高度应符合现行国家标准《内河通航标准》GB 50139 的规定；在无通航、无流的河流上跨越时，其架空结构最下缘，大型跨越应比设计洪水位高 3m，中、小型跨越比设计洪水位高 2m。

（4）管道跨越铁路或道路时，其架空结构最下缘净空高度，不低于表 4-8 的规定。

管道跨越架空结构最下缘净空高度（m）　　　　表 4-8

类型	净空高度
人行横道	3.5
公路	5.5
铁路	6.5～7.0
电气化铁路	11

（5）跨越管道与桥梁之间的距离，大于或等于表 4-9 的规定。

跨越管道与桥梁之间的距离（m）　　　　表 4-9

大桥		中桥		小桥	
铁路	公路	铁路	公路	铁路	公路
100	100	100	50	50	20

（6）当燃气管道随桥梁敷设或采用管桥跨越河流时，必须采取安全防护措施。

5. 管道随桥梁跨越河流

当条件许可时，可利用道路桥梁跨越河流。管道附桥的位置可作为预留管孔、桥墩盖梁伸出部分，或悬挂在桥侧人行道下。从施工与维修角度考虑，管孔架设较不利。

（1）随桥梁跨越河流的燃气管道，其管道的输送压力不应大于 0.4MPa。

（2）燃气管道产生的荷载应作为桥梁设计荷载之一，以保证桥梁安全性，对现有桥梁需附桥设管时，须对桥梁结构作安全性核算。

（3）燃气管道随桥梁敷设，宜采取如下安全防护措施：

1）敷设于桥梁上的燃气管道应采用加厚的无缝钢管或焊接钢管，尽量减少焊缝，对焊缝进行 100％无损探伤；

2）跨越通航河流的燃气管道管底标高，应符合通航净空的要求，管架外侧应设置护桩；

3）在确定管道位置时，与随桥敷设的其他管道的间距应符合现行国家标准《工业企业煤气安全规程》GB 6222 支架敷管的有关规定，即燃气管道与水管、热力管、燃油管和不燃气体管在同一支柱或栈桥上敷设时，其上下敷设的垂直净距不宜小于 250mm；燃气管道与在同一支架上平行敷设的其他管道的最小水平净距宜满足相关规定；

4）管道应设置必要的补偿和减振措施；

5）对管道应做较高等级的防腐保护，对于采用阴极保护的埋地钢管与随桥管道之间应设绝缘装置；

6）跨越河流的燃气管道的支座（架）应采用不燃烧材料制作。

4.1.5 综合管廊

城市综合管廊是指在城市道路下面建造市政管线共用隧道，将电力、通信、燃气、热力、给水排水等多种市政管线集中于一体，设有专门的检修口、吊装口和监测系统，实施统一规划、统一设计、统一建设和管理，以实现地下空间的综合利用和资源共享。燃气管道在廊内采用支架架空敷设。

天然气管道入天然气舱时，天然气管道权属单位应设置入舱天然气管道自成体系的专业管道监控系统，并应与综合管廊统一管理平台联通。燃气管道入廊需要遵守以下技术要求：

（1）天然气管道的阀门、阀件系统设计压力应按提高一个压力等级设计。

（2）天然气管道分段阀宜设置在综合管廊外部。当分段阀设置在天然气舱内部时，应具有远程关闭功能。

（3）天然气管道进出综合管廊时应设置具有远程关闭功能的截断阀门。

（4）天然气调压装置不应设置在天然气舱内。

（5）入廊次高压管道及中压管道管材应采用无缝钢管，管道执行标准为现行国家标准《石油天然气工业　管线输送系统用钢管》GB/T 9711，等级为 PLS2。

（6）天然气管道的连接应采用焊接，焊缝检测要求应符合表4-10的规定。

焊缝检测要求　　　　　　　　　　表 4-10

压力级别（MPa）	环焊缝无损检测比例
$0.01 \leqslant P \leqslant 1.6$	100％射线检验且100％超声波检验

（7）天然气管道支撑的形式、间距、固定方式参考国家建筑国标设计图集《综合管廊燃气管道敷设与安装》18GL501。

（8）干管敷设要求

燃气管道在管廊内敷设时次高压管道和中压主干管道一起入廊。

1）天然气管道在管廊内布置无截断阀门时，燃气舱横断面布置图如图4-1所示。此时管道安装间距表（不配检修车和配检修车）如表4-11和表4-12所示。

管道安装间距表（不配检修车）　　　表 4-11

管径（mm）	管道安装间距（mm）			
	a_1	a_2	b_1	H
$DN150$	$\geqslant 300$	$\geqslant 1000$	$\geqslant 300$	$\geqslant 2400$
$DN200$	$\geqslant 300$	$\geqslant 1000$	$\geqslant 300$	$\geqslant 2400$

续表

管径（mm）	管道安装间距（mm）			
	a_1	a_2	b_1	H
DN250	≥400	≥1000	≥400	≥2400
DN300	≥400	≥1000	≥400	≥2400
DN400	≥500	≥1000	≥500	≥2400

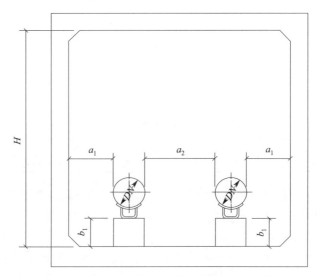

图 4-1　双管无截断阀门燃气舱横断面布置图

管道安装间距表（配检修车）　　表 4-12

管径（mm）	管道安装间距（mm）			
	a_1	a_2	b_1	H
DN150	≥300	≥2200	≥300	≥2400
DN200	≥300	≥2200	≥300	≥2400
DN250	≥400	≥2200	≥400	≥2400
DN300	≥400	≥2200	≥400	≥2400
DN400	≥500	≥2200	≥500	≥2400

2）燃气管道在管廊内布置有截断阀门时，燃气舱横断面布置如图 4-2 所示。此时管道安装间距（不配检修车和配检修车）如表 4-13 和表 4-14 所示。

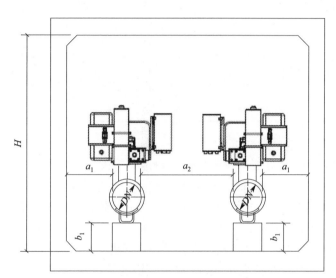

图 4-2　双管有截断阀门燃气舱横断面布置图

管道安装间距表（不配检修车）　　　　　　　　　表 4-13

管径(mm)	管道安装间距(mm)			
	a_1	a_2	b_1	H
DN150	≥800	≥1000	≥300	≥2400
DN200	≥800	≥1000	≥300	≥2400
DN250	≥800	≥1000	≥400	≥2400
DN300	≥800	≥1000	≥400	≥2400
DN400	≥900	≥1000	≥500	≥2400

天然气管道支架间距，应根据管道荷载、内压力及其他作用力等因素，经过计算确定。

管道安装间距表（配检修车）　　表 4-14

管径(mm)	管道安装间距(mm)			
	a_1	a_2	b_1	H
$DN150$	≥800	≥2200	≥300	≥2400
$DN200$	≥800	≥2200	≥300	≥2400
$DN250$	≥800	≥2200	≥400	≥2400
$DN300$	≥800	≥2200	≥400	≥2400
$DN400$	≥900	≥2200	≥500	≥2400

（9）支管敷设要求。

1）为满足管廊两侧天然气用户用气需求，中压主管道建议每隔一定距离交错或同时向道路两侧预留天然气支管，支管设置间距可根据道路两侧天然气用户性质以及规划地块性质确定。天然气支管可敷设在钢套管、支廊、管沟中；在道路交叉口时应同时向两侧预留天然气支管。当天然气支管设置在钢质套管中时，钢套管内径比天然气管道外径大 100mm 以上，钢套管材质与天然气支管相同，套管应伸出路边缘 1m 以外。套管两端用密封性能良好的防腐、防水材料封堵。为防止天然气支管泄漏，套管与天然气支管之间需设置检漏管。支管应与管廊同步施工。

2）天然气支管应伸出钢套管 1m 以外，而后选择合适位置设置支管阀门井。

图 4-3 所示为然气支管单侧出管廊安装平面图，图 4-4 所示为天然气支管双侧出管廊安装平面图，图 4-5 所示为天然气支管顶出管廊安装平面图，图 4-6 所示为天然气支管穿越道路断面图。

（10）阀门设置要求。

1）天然气阀门应比管道提高一个设计压力等级。

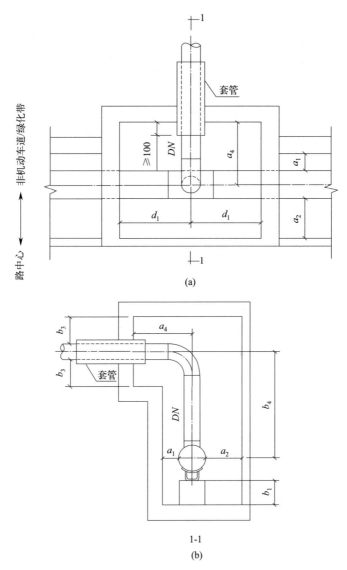

图 4-3 天然气支管单侧出管廊安装图

（a）平面图；（b）剖面图

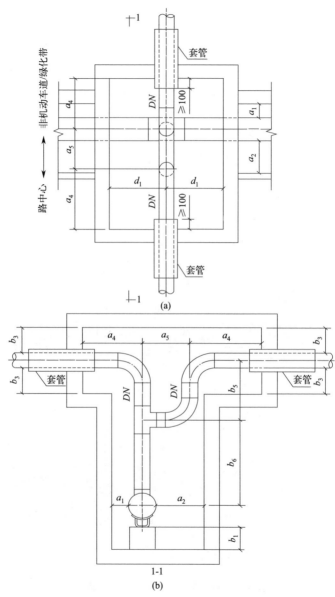

图 4-4　天然气支管双侧出管廊安装图

（a）平面图；（b）剖面图

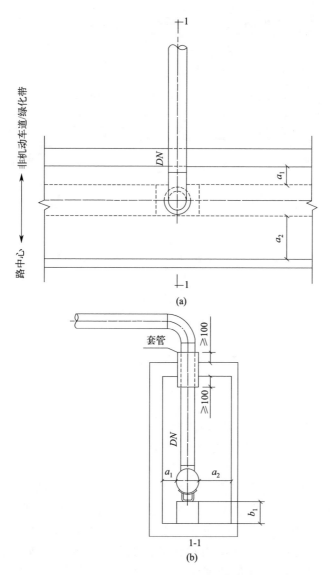

图 4-5　天然气支管顶出管廊安装图

（a）平面图；（b）剖面图

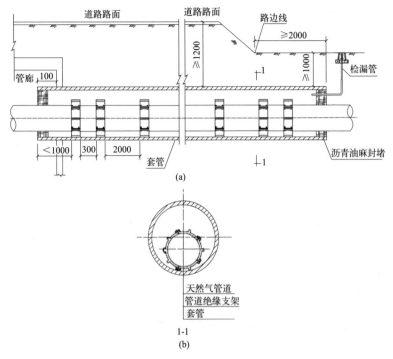

图 4-6　天然气支管穿越道路安装图

（a）平面图；（b）剖面图

2）天然气管道进出管廊时应设置具有远程开/关控制功能的紧急切断阀（带手动开闭机构）。当切断阀门设置在廊外时，应采用阀室形式。

3）对于天然气管道，为减少发生事故时的泄漏量，且便于截断抢修，一般在中压主干管上设置有分段阀门。分段阀门设置应结合燃气中压管网规划，通常来说，中压分段阀门设置间距不超过 2km。如在廊内设置分段阀门时，应采用带远程开/关控制功能的全焊接切断阀门，图 4-7 所示为廊内天然气阀门安装平面图。

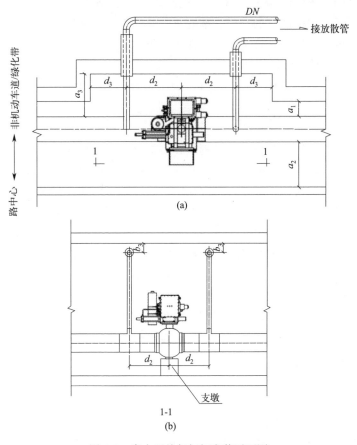

图 4-7 廊内天然气阀门安装平面图
(a) 平面图；(b) 剖面图

4.2 燃气输配管网设计

4.2.1 管材选择

用于输送燃气的管材种类很多，包括铸铁（球墨铸铁）、聚乙烯（PE）树脂、普通碳素钢、优质碳素钢、铬钼合金钢、不锈钢等。必须根据燃气的性质、系统压力及施工要求来选用，并满足机械强度、抗腐蚀、抗震及气密性等各项基本要求。

1. 管材特点

常用的管道种类有：钢管（焊接钢管、无缝钢管）；聚乙烯塑料管（PE管）；铸铁管等。

（1）钢管

常用的钢管有普通无缝钢管和焊接钢管，具有承载应力大、可塑性好、便于焊接的优点。与其他管材相比，壁厚较薄、节省金属用量，但耐腐蚀性较差，必须采取可靠的防腐措施。普通无缝钢管用普通碳素钢、优质碳素钢、低合金钢轧制而成。按制造方法又分为热轧和冷轧（冷拔）无缝钢管。冷轧（冷拔）无缝钢管有外径5～200mm 的各种规格。热轧管有外径 32～630mm 的各种规格。

小口径焊接钢管中用途最广的是低压流体输送用焊接钢管，属于直焊缝钢管，常用管径为 6～150mm。按表面质量分为镀锌管（白铁管）和非镀锌管（黑铁管）两种。按壁厚分为普通管、加厚管和薄壁管三种。按管端有无连接螺纹分为螺纹管和不带螺纹管两种。带螺纹白铁管和黑铁管长度规格为 4～9m；不带螺纹的黑铁管长度规格为 4～12m。

大口径焊接钢管，分直缝卷焊管（$DN200～DN1800$）和螺旋焊接管（$DN200～DN700$），管长 3.8～18m，材质以低碳钢（Q235）和低合金钢（16Mn）为主。国外敷设天然气管道已有使用耐高压大口径管材，干管直径达 2m 以上，还大量采用高强度材质并敷有聚乙烯、氯化乙烯、尼龙-12 等防腐层的管道及管件。

在选用钢管时，当直径在 150mm 以下时，一般采用低压流体输送焊接钢管；大口径管道多采用螺旋焊接管。钢管壁厚应视埋设地点、土壤和交通荷载等加以选择，要求不小于 3.5mm，如在街道红线内则不小于 4.5mm。当管道穿越重要障碍物以及土壤腐蚀性甚强的地段，壁厚应不小于 8mm。户内管的壁厚不小于 2.75mm。

由于薄壁不锈钢管具有安全性高、耐腐蚀性强、使用寿命长和安装快捷等优点，在高层和超高层建筑中作为室内管正在推广。

（2）聚乙烯管

在此仅介绍燃气用埋地聚乙烯（PE）管。PE 管具有耐腐蚀、质轻、流体流动阻力小、使用寿命长、可盘卷、施工简便、费用低、抗拉强度较大等一系列优点。经济发达国家在天然气输配系统中使用 PE 管已有五十多年历史，我国大力发展天然气以来，也已经广泛使用 PE 管。

燃气常用 PE 管材及管件可根据材料的长期静液压强度分为两类：PE80 和 PE100。PE80 可以是中密度聚乙烯（MDPE），也可以是高密度聚乙烯（HDPE），PE100 必定是高密度聚乙烯。PE100 管道相比 PE80 管道具有以下性能特点：①更加优良的耐压性能；②更薄的管壁；③更加经济。因此，PE100 有取代 PE80 的趋势。

PE 管道输送天然气、液化石油气和人工煤气时，其设计压力不应大于管道最大允许工作压力，PE 管道的最大允许工作压力如表 4-15 所示。

PE 管道的最大允许工作压力（MPa）　　　　表 4-15

城镇燃气种类		PE80		PE100	
		SDR11	SDR17.6	SDR11	SDR17.6
天然气		0.50	0.30	0.70	0.40
液化石油气	混空气	0.40	0.20	0.50	0.30
	气态	0.20	0.10	0.30	0.20
人工煤气	干气	0.40	0.20	0.50	0.30
	其他	0.20	0.10	0.30	0.20

注：SDR 是指 PE 管道的公称直径与公称壁厚的比值。

由于 PE 管的刚性不如金属管，所以埋设施工时必须夯实沟槽底，基础要垫砂，才能保证管道坡度的要求和防止被坚硬物体损坏。

（3）铸铁管

铸铁管的抗腐蚀性能很强。用于燃气输配管道的铸铁管，一般采用铸模浇铸或离心浇铸方式制造出来。灰铸铁管的抗拉强度、抗弯曲、抗冲击能力和焊接性能均不如钢管好。随着球墨铸铁铸造技术的发展，铸铁管的机械性能大大增强，从而提高了其安全性，降低了维护费用。球墨铸铁管在燃气输配系统中仍然在广泛地使用。

（4）其他管材

有时还使用有色金属管材，如铜管和铝管。由于其价格昂贵只在特殊场合下使用。引入管、室内埋墙管及灶前管已广泛使用不锈钢波纹管。

2. 比选原则

（1）高压与次高压管道选用

高压与次高压管道直径大于 150mm 时，一般采用焊接钢管；直径较小时采用无缝钢管。应通过技术经济比较决定钢种与制管类别。

选用的焊接钢管应符合现行国家标准《石油天然气工业 管线输送系统用钢管》GB/T 9711（L175 级除外）的规定；无缝钢管应符合现行国家标准《输送流体用无缝钢管》GB/T 8163 的规定。

在确定钢种的基础上进一步选用焊接钢管的类型，其分为两类，即螺旋缝钢管和直缝钢管。

螺旋缝双面埋弧焊钢管（SAW）的焊缝与管轴线形成螺旋角、一般为 45°，使焊缝热影响区不在主应力方向上，因此焊缝受力情况良好，可用带钢生产大直径管道，但由于焊缝长度长使产生焊接缺陷的可能性增加。

直缝焊接钢管与螺旋缝焊接钢管相比具有焊缝短、在平面上焊接，因此焊缝质量好热影响区小、焊后残余应力小、管道尺寸较精确、易实现在线检测，以及具有原材料可进行 100% 的无损检测等优点。

直缝焊接钢管又分为直缝高频电阻焊钢管（ERW）和直缝双面埋弧焊钢管（LSAW）。高频电阻焊是利用高频电流产生的电阻热熔化管坯对接处，经挤压熔合。其特点为热量集中，热影响区小，焊接质量主要取决于母材质量，生产成本低、效率高。

直缝双面埋弧焊钢管一般直径在 DN400 以上采用 UOE 成型工艺，单张钢板边缘预弯后，经 U 成型、O 成型、内焊、外焊、冷成型等工艺，其成型精度高，错边量小，残余应力小、焊接工艺成熟，质量可靠。

直缝双面埋弧焊钢管价格高于螺旋缝埋弧焊钢管，而价格最低的是直缝高频电阻焊钢管。

天然气输配工程中采用较普遍的高（次高）压管道是直缝电阻焊钢管，直径较大时采用直缝埋弧焊钢管或螺旋埋弧焊钢管。高压管道的附件不得采用螺旋焊缝钢管制作，严禁采用铸铁制作。

（2）中压与低压管道选用

室外地下中压与低压管道有钢管、聚乙烯复合管（PE 管）、钢骨架聚乙烯复合管（钢骨架 PE 复合管）、球墨铸铁管。

钢管具有高强的机械性能，如抗拉强度、延伸率与抗冲击性等。焊接钢管采用焊接制管与连接，气密性良好。其主要缺点是地下易腐蚀，需防腐措施，投资大，且使用寿命较短，一般为 25 年左右。当管径大于 DN200 时，其投资少于聚乙烯管。可按现行国家标准《低压流体输送用焊接钢管》GB/T 3091 与《低压流体输送用大直径电焊钢管》GB/T 14980 采用直缝电阻焊钢管。

4.2.2　管道壁厚

1. 钢管壁厚

钢管壁厚按下式计算：

$$\delta = \frac{PD}{2\sigma_s \varphi F} \tag{4-1}$$

式中　δ——钢管壁厚，mm；

　　　P——设计压力，MPa；

　　　D——钢管外径，mm；

　　　σ_s——钢管最低屈服强度，MPa；

F——强度设计系数，按地区等级划分，如表 4-16 所示；

φ——焊缝系数，当符合《城镇燃气设计规范（2020 年版）》GB 50028—2006 第 6.4.4 条第 2 款规定的钢管标准时取 1.0。

按地区等级划分的强度设计系数　　表 4-16

地区等级	F
一级	0.72
二级	0.60
三级	0.40
四级	0.30

2. PE 管壁厚

聚乙烯管是近年来广泛用于中、低压天然气输配系统的地下管材，具有良好的可焊性、热稳定性、柔韧性与严密性，易施工，耐土壤腐蚀，内壁当量绝对粗糙度仅为钢管的 1/10，使用寿命达 50 年左右。聚乙烯管的主要缺点是重载荷下易损坏，接口质量难以采用无损检测手段检验，以及大管径的管材价格较高。目前已开发的第三代聚乙烯管材 PE100 较之以前广泛采用的 PE80 具有较好的快、慢速裂纹抵抗能力与刚度，改善了刮痕敏感度，因此采用 PE100 制管在相同耐压程度时可减小壁厚或在相同壁厚下增加耐压程度。

聚乙烯管道按公称外径与壁厚之比（即标准尺寸比）SDR 分为两个系列：SDR11 与 SDR17.6，其最大允许工作压力如表 4-15 所示，不同温度下的允许最大工作压力见表 4-17。

聚乙烯管道不同温度下的允许最大工作压力　　表 4-17

工作温度 t（℃）	允许工作压力（MPa）	
	SDR11	SDR17.6
$-20 < t \leqslant 0$	0.1	0.0075
$0 < t \leqslant 20$	0.4	0.2

续表

工作温度 t（℃）	允许工作压力（MPa）	
	SDR11	SDR17.6
20＜t≤30	0.2	0.1
30＜t≤40	0.1	0.0075

4.2.3　管道敷设要求

管道布置是燃气输配系统工程设计的主要工作之一，在可行性研究、初步设计与施工图设计中均有不同的深度要求。

由于天然气长输管道至城市边缘的压力一般为高压或次高压，因此天然气城市输配系统一般采用高（次高）-中压两级系统或单级中压系统。

高压或次高压管道主要用于向门站与高（次高）-中调压站供气，也可起储气作用，其管道布置主要取决于门站与调压站的选址，以及供气安全性与储气要求、城市地理环境等。门站与调压站的选址主要由长输管道走向、城市用气负荷分布、供气安全性等因素确定。中压管道向城区内中低压调压箱或用户调压器供气，大型工业用户直接由中压管道供气。中压配气干管一般在中心城区形成环网、城区边缘为枝状管道，即采用环枝结合的配气方式。由配气管网接出支管向街区内调压箱或用户调压器供气。因此，管道的布置主要取决于城市道路与地理环境状况、用户分布、中低压调压装置的选址，以及供气安全性要求等因素。

在确定管道路由后主要工作是按规范要求确定管道平面与纵、横断面管位与进行穿越障碍物设计。纵断面图内容应包括地面标高、管顶标高、管顶深度、管段长度、管段坡度、测点桩号与路面性质，并在图上画出燃气管道，标明管径，与燃气管道纵向交叉的设施、障碍等的间距。横断面图上应标明燃气管道位置、管径，以及与建筑物、其他设施等的间距。

一般纵断面图纵向比例为 1∶50～1∶100，横向比例为 1∶500～

1：1000。

1. 高压管道敷设

对于大、中型城市，按输气或储气需要设置高压管道，其布置原则如下：

（1）服从城市总体规划，遵守有关法规与规范，考虑远、近期结合，分期建设。

（2）结合门站与调压站选址管道沿城区边沿敷设，避开重要设施与施工困难地段。不宜进入城市四级地区，不宜从县城、卫星城、镇或居民区中间通过。

（3）尽可能少占农田，减少建筑物等拆迁。除管道专用的隧道、桥梁外，不应通过铁路或公路的隧道和桥梁。

（4）对于大型城市可考虑高压管道成环，以提高供气安全性，并考虑其储气功能。

（5）为方便运输与施工，管道宜在公路附近敷设。

（6）应作多方案比较，选用符合上述各项要求，且长度较短、原有设施可利用、投资较省的方案。

水平净距指管道外壁至建筑物出地面处外墙面的距离。地下高压管道与建筑物的水平净距应根据所经地区等级、管道压力、管道公称直径与壁厚确定。表 4-18 是一级或二级地区所要求的最小水平净距，表 4-19 是三级地区所要求的最小水平净距。

一级或二级地区所要求的最小水平净距 (m)　　　表 4-18

公称直径 DN(mm)	压力（MPa）		
	1.61	2.50	4.00
900＜DN≤1050	53	60	70
750＜DN≤900	40	47	57
600＜DN≤750	31	37	45
450＜DN≤600	24	28	35
300＜DN≤450	19	23	28
150＜DN≤300	14	18	22
DN≤150	11	13	15

三级地区所要求的最小水平净距（m）　表 4-19

管道壁厚 δ（mm）	压力（MPa）		
	1.61	2.50	4.00
δ＜9.5	13.5	15.0	17.0
9.5≤δ≤11.9	6.5	7.5	9.0
δ≥11.9	3.0	3.0	3.0

地下管道与建（构）筑物、相邻管道之间的最小水平净距、最小垂直净距，如表 4-20、表 4-21 所示。

地下管道与建（构）筑物、相邻管道之间的最小水平净距（m）
表 4-20

压力		建筑物基础	建筑物外墙面	给水管	污水、雨水排水管	热力管		电力电缆		通信电缆	
						直埋	管沟内	直埋	导管内	直埋	在导管内
高压		—	13.5	1.5	2.0	2.0	4.0	1.5	1.5	1.5	1.5
次高压	A	—	13.5	1.5	2.0	2.0	4.0	1.5	1.5	1.5	1.5
	B	—	5.0	1.0	1.5	1.5	2.0	1.0	1.0	1.0	1.0
中压	A	1.5	—	0.5	1.2	1.0	1.5	0.5	1.0	0.5	1.0
	B	1.0	—		1.2		1.5				
低压		0.7	—	—	1.0	—	1.0	—	—	—	—

地下管道与建（构）筑物、相邻管道之间的最小垂直净距（m）
表 4-21

项目		最小垂直净距（当有套管时以套计）	项目		最小垂直净距（当有套管时以套计）
给水管、排水管、其他燃气管		0.15	电缆	在导管内	0.15
热力沟的管沟底或顶		0.15	铁路轨底		1.20
电缆	直埋	0.50	有轨电车轨底		1.00

高压管道当受条件限制需进入或通过四级地区、县城、卫星城、镇或居民区时应遵守下列规定：高压 A 地下燃气管道与建筑物外墙面之间的水平净距不应小于 30m，高压 B 地下燃气管道与建筑物外墙面之间的水平净距不应小于 16m。当管道材料钢级不低于现行国家标准《石油天然气工业 管线输送系统用钢管》GB/T 9711 规定的 L245、管道壁厚 $\delta \geqslant 9.55\text{mm}$，且对燃气管道采取行之有效的保护措施时，高压 A 不应小于 15m，高压 B 不应小于 10m。

地下高压管道在农田、岩石处与城区敷设时的覆土层最小厚度分别如表 4-22、表 4-23 所示。

地下高压管道覆土层最小厚度（m）   表 4-22

地区等级	土壤类		岩石类
	旱地	水田	
一级	0.6	0.8	0.5
二级	0.6	0.8	0.5
三级	0.8	0.8	0.5
四级	0.8	0.8	0.5

注：覆土层从管顶算起。

地下高压管道城区敷设时覆土层最小厚度（m）   表 4-23

埋地处	覆土层最小厚度
车行道	0.9
非车行道（含人行道）	0.6
庭院内（绿化地，载货汽车不能进入处）	0.3

注：覆土层从管顶算起。

在高压干管上应设置分段阀门，其最大间距（km）取决于管段所处位置为主的地区等级，如表 4-24 所示，高压支管起点处也应设置阀门。

高压干管分段阀门最大间距（km）   表 4-24

管段所处地区等级	四级	三级	二级	一级
最大间距	8	13	24	32

市区外地下高压管道应设置里程桩、转角桩、交叉和警示牌等永久性标志；市区内地下高压管道应设立警示标志，在距管顶不小于 500mm 处应埋设警示带。

2. 次高压管道敷设

次高压管道的作用与高压管道相同，当长输管道至城市边缘的压力为次高压时采用。次高压管道的布置原则同高压管道，一般也不通过中心城区，也不宜从四级地区、县城、卫星城、镇或居民区中间通过。

地下次高压燃气管道与建（构）筑物或相邻管道之间所要求的最小水平净距（m）如表 4-1 所示。最小垂直净距（m）与地下敷设的覆土层最小度要求同高压燃气管道。

在次高压燃气干管上应设置分段阀门，并在阀门两侧设置放散管。在支管起点处也应设置阀门。

3. 中压燃气管道敷设

中压燃气管道在高（次高）—中压或单级中压输配系统中都是输气主体。随着经济发展，特别是道路与住宅建设的水平和质量大幅度提高，这两种天然气输配系统成为城市天然气输配形式的主流。中压燃气管道向数量众多的小区调压箱与楼栋调压箱，以及专用调压箱供气，从而形成环支结合的输气干管以及从干管接出的众多供气支管至调压设备。显然调箱较区域调压站供应户数大大减少，从而减小了用户前压力的波动，而中压进户更使用户压力恒定。对于此种中压干管管段由于与众多支管相连，支管计算流量之和为该管段途泄流量。

高（次高）—中压与单级中压输配系统的中压管道布置原则如下：

（1）服从城市总体规划，遵守有关法规与规范，考虑远近期结合。

（2）干管布置应靠近用气负荷较大区域，以减少支管长度并成环，保证安全供气，但应避开繁华街区，且环数不宜过多。各高中压调压站出口中压干管宜互通。在城区边缘布置枝状干管，形成环支结合的供气干管体系。

（3）对中小城镇的干管主环可设计为等管径环，以进一步提高供气安全性与适应性。

（4）管道布置应按先人行道、后非机动车道，尽量不在机动车道埋设的原则。

（5）管道应与道路同步建设，避免重复开挖。条件具备时可建设共同沟敷设。

（6）在安全供气的前提下减少穿越工程与建筑拆迁量。

（7）避免与高压电缆平行敷设，以减少地下钢管电化学腐蚀。

（8）可作多方案比较，选用供气安全、正常水力工况与事故水力工况良好、投资较省，以及原有设施可利用的方案。

中低压输配系统很少应用于城市新建的天然气输配系统，但常见于人工燃气输配统，且多为中压 B 系统。

中低压输配系统的中压燃气管道，向区域调压站与专用调压箱供气，其调压站数量远少于上述两系统的小区调压箱、楼栋调压箱与用户调压器，因此中压燃气管道的密度远比上述两系统低，其布置原则同上述两系统。中低压区域调压站应选在用气负荷中心，并确定其合理的作用半径，结合区域调压站选址布置中压干管。中压干管应成环，干管尽可能接近调压站，以缩短中压支管长度。

地下中压燃气管道与建（构）筑物、相邻管道之间所要求的最小水平净距（m）如表 4-1 所示。最小垂直净距（m）与地下敷设的覆土层最小厚度要求同高压燃气管道。

中压干管与支管阀门设置要求同次高压干管与支管。

4. 低压燃气管道敷设

低压燃气管道在高（次高）中压或单级中压输配系统中，一般起始于小区调压箱或楼栋调压箱出口，至用户引人管或户外燃气表止，属街坊管范围。低压街坊管呈枝状分布，布置时适当考虑用气量增长的可能性，并尽量减少长度。

中低输配系统采用区域调压站时，其供应户数多，出口低压管道分布广，其分为干管与街坊管。前者主要功能是向众多街坊支管供气，因此其布置类似于前述中压干管，即形成环支结合的供气干管。该干管管段连接管的计算流量之和为该管段的途泄流量。当出现多个区域调压站时，它们出口的低压干管如地理条件许可宜连成一片，以保证供气安全。此种低压干管的布置原则，可参照前述高（次高）中压与单级中压输配系统的中压管道布置原则。

地下低压燃气管道与建（构）筑物、相邻管道之间所要求的最小水平净距（m）如表4-1所示。最小垂直净距（m）与地下敷设的覆土层最小厚度要求同高压燃气管道。

4.3　输配管道水力计算

燃气管道水力计算的任务，一是根据计算流量和允许压力损失来计算管径，进而决定管网投资与金属消耗量等；另外是对已有管道进行流量和压力损失的验算，以充分发挥管道的输气能力，或决定是否需要对原有管道进行改造。因此，正确地进行水力计算，关系到输配系统经济性和可靠性的问题，是城镇燃气规划与设计中的一项重要工作。

4.3.1　燃气分配管段计算流量的确定

1. 燃气分配管网供气方式

燃气分配管网的各管段根据连接用户的情况，可分为三种：

（1）管段沿途不输出燃气。这种管段的燃气流量是不变的，如图4-8(a)所示。流经管段送至末端不变的流量称为转输流量 Q_2。

（2）分配管网的管段与大量居民用户、小型商业用户相连，由管段始端进入的燃气在途中全部供给各个用户。这种在管段沿程输出的燃气流量称为途泄流量 Q_1，如图4-8(b)所示。

（3）最常见的分配管段供气情况，如图4-8(c)所示，该管段既有转输流量又有途泄流量。

2. 燃气分配管段途泄流量的确定

在城镇燃气管网计算中可以认为，途泄流量是沿管段均匀输出

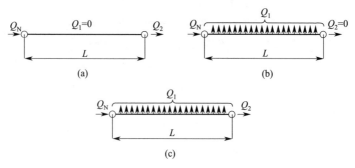

图 4-8　燃气分配管段计算流量

的。管段单位长度途泄流量为：

$$q = \frac{Q_1}{L} \tag{4-2}$$

式中　q——单位长度途泄流量，$m^3 / (m \cdot h)$；

　　　Q_1——涂泄流量，m^3/h；

　　　L——管段长度，m。

途泄流量的供应对象包括大量的居民和小型商业用户，用气负荷较大的用户应作为集中流量计算。

以图 4-9 所示区域燃气管网为例，说明管段途泄流量的计算过程如下：

（1）根据供气范围内的道路与建筑物布局划分为几个小区。

（2）分别计算各小区的居民用户用气量及小型商业用户和小型工业用户的用气量，并按照用气量的分布情况，布置配气管道。

（3）求各小区管段的单位长度途泄流量，如图 4-9 中所示 A、B、C……区管道长度途泄流量为：

$$q_A = \frac{Q_A}{L_{1\text{-}2\text{-}3\text{-}4\text{-}5\text{-}6\text{-}7\text{-}1}} \tag{4-3}$$

$$q_B = \frac{Q_B}{L_{1\text{-}2\text{-}11}} \tag{4-4}$$

$$q_C = \frac{Q_C}{L_{11\text{-}2\text{-}3\text{-}7}} \tag{4-5}$$

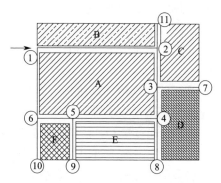

图 4-9　各管段涂泄流量计算的图示

式中　q_A、q_B、q_C——A、B、C 各区的途泄流量，m^3/h；

Q_A、Q_B、Q_C——A、B、C 各区的小时计算流量，m^3/h；

L——管段长度，m。

（4）计算管段的途泄流量。管段的途泄流量等于该管段的长度乘以其分担的小区管段单位长度途泄流量之和。如 1-2 管段的途泄流量为：

$$Q_1^{1\text{-}2}=(q_B+q_A)L_{1\text{-}2} \tag{4-6}$$

1-2 管段是向两侧小区供气的，其途泄流量为两侧小区的单位长度途泄流量之和乘以管长。

3. 燃气分配管段计算流量的确定

管段上既有途泄流量又有转输流量的变负荷管段，其计算流量可按下式求得：

$$Q=\alpha Q_1+Q_2 \tag{4-7}$$

式中　Q——计算流量，m^3/h；

Q_1——途泄流量，m^3/h；

Q_2——转输流量，m^3/h；

α——与途泄流量和转输流量之比及沿途支管数有关的系数。

对于燃气分配管段，管段上的分支管数一般不小于 5 个，此时

系数 α 在 $0.5 \sim 0.6$ 之间，取平均值 $\alpha = 0.55$。

故燃气分配管段的计算流量公式为：

$$Q = 0.55Q_1 + Q_2 \qquad (4\text{-}8)$$

4. 节点流量

在燃气管网计算，特别是用计算机进行燃气环网水力计算时，常把途泄流量转化为节点流量来表示。

从式(4-8)可知，途泄流量 Q_1 可当量拆分为两个部分：一部分 $0.55Q_1$ 可以认为是从管段终端流出，另一部分 $0.45Q_1$ 相当于从始端流出。即将管段的两端视为节点，则管段始端的节点流量为管段途泄流量的 0.45 倍；管段终端的节点流量为管段途泄流量的 0.55 倍。由于环状管网的各管段相互连接，故各节点流量等于流入节点所有管段途泄流量的 $0.55Q_1$、流出节点所有管段途泄流量的 $0.45Q_1$ 以及与该节点的集中流量三者之和。节点流量图如图 4-10 所示，各节点流量为：

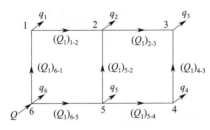

图 4-10 节点流量图

节点 1：$q_1 = 0.55(Q_1)_{6\text{-}1} + 0.45(Q_1)_{1\text{-}2}$
节点 2：$q_2 = 0.55(Q_1)_{1\text{-}2} + 0.55(Q_1)_{5\text{-}2} + 0.45(Q_1)_{2\text{-}3}$
节点 3：$q_3 = 0.55(Q_1)_{2\text{-}3} + 0.55(Q_1)_{4\text{-}3}$
节点 4：$q_4 = 0.55(Q_1)_{5\text{-}4} + 0.45(Q_1)_{4\text{-}3}$
节点 5：$q_5 = 0.55(Q_1)_{6\text{-}5} + 0.45(Q_1)_{5\text{-}4} + 0.45(Q_1)_{5\text{-}2}$
节点 6：$q_6 = 0.45(Q_1)_{6\text{-}5} + 0.45(Q_1)_{6\text{-}1}$

$$Q = q_1 + q_2 + q_3 + q_4 + q_5 + q_6$$

用气量特大的用户，其接出点可作为节点进行计算。

当管段转输流量占管段总流量的比例很大时，系数 α 亦可按 0.5 计算。

4.3.2 管网计算

1. 枝状管网的水力计算

新建枝状燃气管网的水力计算一般可按下列步骤进行：

（1）对管网的节点和管段编号。

（2）根据管线图和用气情况，确定管网各管段的计算流量。

（3）根据给定的允许压力降及由于高程差而造成的附加压头，确定管线单位长度的允许压力降。

（4）根据管段的计算流量及单位长度允许压力降初步选定管径。

（5）根据所选定的管径，求各管段的沿程阻力和局部阻力，计算总压力降。

（6）检查计算结果。若总压力降未超过允许压降值，并趋近允许值，则视为计算合格；否则应适当改变管径，直到总压力降小于并尽量趋近允许压降值为止。

2. 环状管网的水力计算

（1）绘制管网平面示意图，管网布置应使管道负荷较为均匀。然后对节点、环网、管段进行编号，标明管道长度、燃气负荷、气源或调压站位置等。

（2）计算各管段的途泄流量。

（3）按气流沿着最短路径从供气点流向零点（不同流向燃气的汇合点）的原则，拟定环状管网燃气流动方向。但在同一环内，必须有两个相反的流向。

（4）根据拟定的气流方向，以 $\sum Q_i = 0$ 为条件，从零点开始，设定流量的分配，逐一推算每一管段的初步计算流量。

（5）根据管网允许压力降和供气点至零点的管道计算长度，求得单位长度允许压力降，根据流量和单位长度允许压力降即可选择管径。

（6）由选定的管径，计算各管段的实际压力降以及每环的闭合差。通常初步计算结果管网各环的压力降是不闭合的，这就必须进行环网的水力平差计算。

（7）在人工计算中，平差计算是逐次进行流量校正的，是环网闭合差渐趋工程允许的误差范围的过程。

【例 4-1】 图 4-11 所示的人工煤气中压管道枝状管网简图，①为源点，④、⑥、⑦、⑧为用气点（中-低调压器），已知气源点的供气压力为 200kPa，保证调压器正常运行的调压器进口压力为 120kPa，假设燃气密度为 $1kg/m^3$，运动黏度为 $25 \times 10^{-6} m^2/s$。各管段编号如图 4-11 所示，若使用钢管，求各管段的管径。

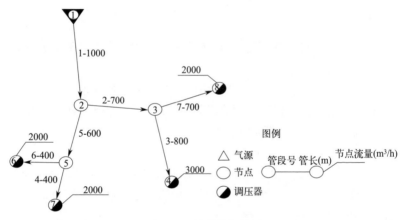

图 4-11　枝状管网简图

解：（1）管网各节点及各管段编号如图 4-11 所示。

（2）确定气流方向，并根据图示各调压器的输气量（中压管网的节点流量），计算各管段的计算流量：

管段 3　$Q_3 = 3000 m^3/h$

管段 7　$Q_7 = 2000 m^3/h$

管段 2　$Q_2 = Q_3 + Q_7 = 5000 m^3/h$

管段 4　$Q_4 = 2000 m^3/h$

管段 6　$Q_6 = 2000 m^3/h$

管段 5　$Q_5 = Q_4 + Q_6 = 4000 m^3/h$

管段 1　$Q_1 = Q_2 + Q_5 = 9000 m^3/h$

（3）选管道①-②-③-④为本枝状管网的干管，先行计算。

（4）求干管的总长度：

$$L = L_1 + L_2 + L_3 = 2500 m$$

（5）根据气源点①的供气压力及调压器进口的最小需求压力确定干管的允许压力平方差：

$$\delta P_{al}^2 = 200^2 - 120^2 = 2560 (kPa)^2$$

则干管的单位长度的允许压力平方差（含5%局部损失）为：

$$\frac{\delta P_{al}^2}{L} = \frac{25600}{2500 \times 1.05} = 9.75 (kPa)^2/m$$

（6）由干管单位长度的允许压力平方差及各管段的计算流量，初选干管各管段的管径。

管段 1　$d_1 = 325 mm$　　$\dfrac{\delta P_1^2}{L_1} = 7.0 (kPa)^2/m$

管段 2　$d_2 = 273 mm$　　$\dfrac{\delta P_2^2}{L_2} = 5.4 (kPa)^2/m$

管段 3　$d_3 = 219 mm$　　$\dfrac{\delta P_3^2}{L_3} = 6.3 (kPa)^2/m$

（7）计算干管各管段的压力平方差（含局部损失5%）

管段 1　　　　$\delta P_1^2 = 1.05 \times 7.0 \times 1000 = 7350 (kPa)^2$

管段 2　　　　$\delta P_2^2 = 1.05 \times 5.4 \times 700 = 3969 (kPa)^2$

管段 3　　　　$\delta P_3^2 = 1.05 \times 6.3 \times 800 = 5292 (kPa)^2$

$$\sum \delta P^2 = \delta P_1^2 + \delta P_2^2 + \delta P_3^2 = 16611 (kPa)^2$$

（8）计算干管上各节点压力

节点③　　$P_3 = \sqrt{P_4^2 + \delta P_3^2} = \sqrt{120^2 + 5292} = 140.3 kPa$

节点②　　$P_2 = \sqrt{P_3^2 + \delta P_2^2} = 153.8 kPa$

节点①　　$P_3 = \sqrt{P_2^2 + \delta P_1^2} = 176.1 kPa < 200 kPa$，计算合格。

（9）支管计算

管段 7，由其起点③的压力得管段 7 单位长度允许压力平方差：

$$\frac{\delta P_{允}^2}{L}=\frac{140.3^2-120^2}{700\times1.05}=7.19(\text{kPa})^2/\text{m}$$

查燃气管道水力计算图，图 4-13 选管径 $d_7=219\text{mm}$ 及相应的单位长度压力平方差：

$$\frac{\delta P_7^2}{L_7}=3.1(\text{kPa})^2/\text{m}$$

$$\delta P_7^2=1.05\times3.1\times700=2279(\text{kPa})^2$$

所以节点⑧的压力为：

$$P_8=\sqrt{P_3^2-\delta P_7^2}=\sqrt{140.3^2-2279}=131.9\text{kPa}$$

计算支管 4、5、6，以此类推。

（10）计算结果列于表 4-25 和表 4-26。

枝状中压管道计算结果一　　　　表 4-25

管段号	管段长度(m)	管段计算流量(m^3/h)	管径(mm)	单位长度压力平方差$(\text{kPa})^2$/m	管段压力平方差$(\text{kPa})^2$
1	1000	9000	325	7.0	7350
2	700	5000	273	5.4	3969
3	800	3000	219	6.3	5292
4	400	2000	219	3.0	1260
5	600	4000	273	3.5	2205
6	400	2000	219	3.0	1260
7	700	2000	219	2.4	2279

枝状中压管道计算结果二　　　　表 4-26

序号	节点流量(m^3/h)	节点压力(kPa)
1	0	176.1
2	0	153.8

续表

序号	节点流量(m³/h)	节点压力(kPa)
3	0	140.3
4	3000	120.0
5	0	146.5
6	2000	142.1
7	2000	142.1
8	2000	131.9

（11）绘制枝状管网计算简图，如图4-12所示。

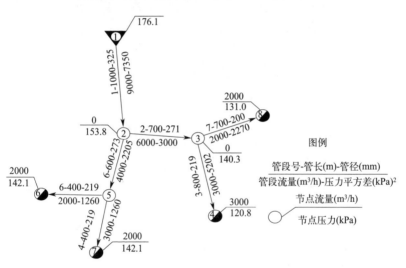

图4-12　枝状管网计算简图

4.3.3　低压管网压力分配

（1）城镇燃气低压管道从调压站到最远燃具管道允许阻力损失，可按下式计算：

$$\Delta P_d = 0.75 P_n + 150 \tag{4-9}$$

式中　ΔP_d——从调压站到最远燃具的管道允许阻力损失，Pa；

　　　　P_n——低压燃具的额定压力，Pa。

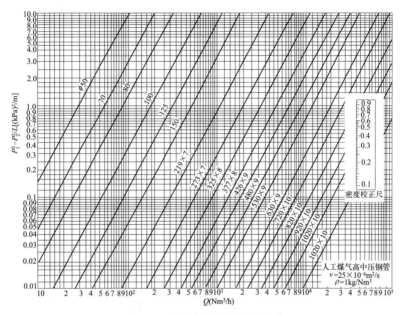

图 4-13　燃气管道水力计算图

注：ΔP_d 含室内燃气管道允许阻力损失。

（2）公共建筑和工业企业专用调压站出口最大压力由燃烧器具工艺而定。

（3）由区域低压管网接气时，室内低压燃气管道从建筑物引入管至管道末端允许的阻力损失，包括燃气计量装置的损失。

1）单层建筑不宜大于 250Pa；

2）多层建筑不宜大于 350Pa。

（4）由小区内直接调压时，燃气管道允许的阻力损失应保证最不利点（包括最近端和最远端及特殊点）处的燃具在其最低和最高使用压力之间正常工作。

（5）输送介质为天然气时，各项参数可按如下取值：

民用燃具额定压力（Pa）　　　　　　　2000

民用燃具前最低压力（Pa）　　　　　　1500

民用燃具前最高压力（Pa）　　　　　　2800

区域调压站出口最大压力（Pa）　　　　　　3150

楼栋调压器出口最大压力（Pa）　　　　　　3000

4.4　燃气输配系统附属设备设计

4.4.1　阀门及阀门井设计

阀门是用于启闭管道通路或调节管道介质流量的设备。因此要求阀体的机械强度高，转动部件灵活，密封部件严密耐用，对输送介质的抗腐蚀性强，同时零部件的通用性好。

燃气阀门必须进行定期检查和维修，以便掌握其腐蚀、堵塞、润滑、气密性等情况以及部件的损坏程度，避免事故发生。阀门的设置达到足以维持系统正常运行即可，尽量减少其设置数，以减少漏气点和额外的投资。

1. 阀门的种类

阀门的种类很多，燃气管道上常用的有闸阀、截止阀、球阀、旋塞阀、蝶阀、止回阀、安全阀、紧急切断阀及聚乙烯（PE）球阀等。以下是对燃气阀门种类及特点的介绍。

（1）闸阀（图 4-14）

在闸阀中，由于气流是沿直线通过阀门的，所以阻力损失小，闸板升降时所引起的振动也很小；但当存在杂质或异物时，关闭受到阻碍，使应该停气的管段不能完全关闭。

闸阀的主要性能特点如下：

1）适用于含砂质粉尘、黏性微量杂质和腐蚀性较强的气体；

2）阻力小、调节容易，适用于大口径管线用，一般处于常开和常闭为好；

3）可双向流动，必须水平安装；

4）外形尺寸较大，开闭操作慢，启动杆提升转数多；

5）密封面若磨损不易修复，其加工也复杂；

6）遇有高温易结焦介质的场合，宜选结构较简单的楔形单闸

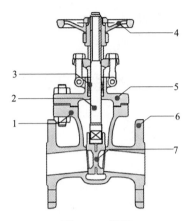

图 4-14　闸阀

1—密封垫片；2—阀杆；3—填料；4—手柄；5—阀盖；6—阀体；7—阀板

板阀；

7）密封要求高的场合宜选双闸板阀；

8）压力、温度较低、密封要求不高的场合宜选平行式闸阀，其闸板、阀座密封面检修相对容易，零部件可靠性好。

（2）截止阀（图 4-15）

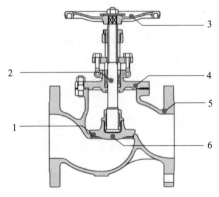

图 4-15　截止阀

1—阀体密封垫片；2—阀杆；3—手柄；4—阀盖；5—阀体；6—阀板

截止阀是依靠阀瓣的升降达到启闭和节流的目的，阻力较大，作为切断管道气流的工具，其可靠性很高。

截止阀的主要性能特点如下：

1）启闭扭矩较大，通常适于使用公称直径小于 $DN200$ 的阀门；

2）结构比闸阀简单，调节性能也较好，阀杆升降高度很小，启闭时间短，手轮操作转数少，但不易调量；

3）密封性一般比闸阀差，密封面也易被机械杂质划伤；

4）价格虽然较低，但不宜作为放空阀和低真空系统的启闭阀。

（3）球阀（图4-16）

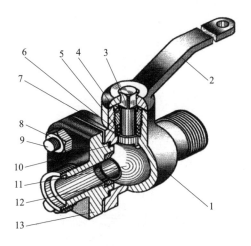

图4-16　球阀

1—阀体；2—扳手；3—阀杆；4—填料压紧套；5—上填料；6—中填料；7—填料垫；
8—螺母；9—螺栓；10—调整垫；11—阀芯；12—密封圈；13—阀盖

与同径管道断面的闸阀、截止阀相比，球阀的结构尺寸和体积都小，转动部件灵活且阻力很小，适用于切断、变向和分配气流。球阀按结构形式可分为：浮动球球阀、固定球球阀、带浮动球和弹性活动套筒阀座的球阀、变孔径球阀、升降杆式球阀以及气动 V 形调节球阀。

球阀的主要性能特点如下：

1）球阀通道平整光滑，阻力小，启闭迅速，手柄旋转（90°）扭矩小，操作方便；

2）结构简单，密封面加工要求较高，但比旋塞阀更易加工，而阀杆填料密封部不易破坏，密封严密性随介质压力而提高；

3）除了 V 形开口球阀外，其他球阀不能作为调节用气阀；

4）适于高温、高压和低温以及黏性较大的介质；

5）为了应对易气化液体，可在结构上设置中腔自动泄压装置和弹簧-柱塞式防静电结构；

6）PE 球阀适用于中、低压埋地天然气 PE 管线上，与金属球阀相比强度低，耐高温性能差些，但寿命长、投资效益高。

（4）旋塞阀（图 4-17）

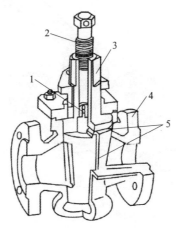

图 4-17　旋塞阀
1—止回阀；2—注油螺栓；3—塞体；4—阀体；5—储油沟槽

旋塞阀按阀芯结构形状可分为圆柱形和圆锥形。常用的圆锥形旋塞阀又有两种：一是利用阀芯尾部螺母的压紧作用，使阀芯与阀体可紧密接触不致漏气，称其为无填料式旋塞阀；二是利用填料堵塞阀体与阀芯之间的间隙而避免漏气，称其为填料式旋塞阀。前者只适用于低压管道，而后者可用在中压管道上，选用规格不大于

$DN50$。此种阀可设计成多分流通道，即所谓两通、三通和四通旋塞阀。

旋塞阀的主要性能特点如下：

1）启闭灵活，阀杆只需旋转90°即可，零件少，阻力小；

2）杂质沉积造成的影响比闸门和截止阀小；

3）不宜用在高温高压和需要调量的管道上；

4）适于室内管道安装，维修方便。

（5）蝶阀（图4-18）

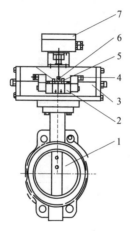

图4-18 蝶阀

1—蝶阀；2—二位五通电磁阀；3—气动装置；4—电磁阀接线口；

5—排气消声器；6—进气接口；7—限位开关回讯器

蝶阀的关闭件是个圆盘形阀瓣，其绕阀体内一固定轴旋转达到启闭的目的，也可起节流的作用。按结构形式可分中心密封式、单偏心密封式、双偏心密封式和三偏心密封式。新研发的偏心密封结构比老式中心密封结构要复杂。

蝶阀的主要性能特点如下：

1）与同规格的闸阀相比，其连接尺寸短、结构简单且质量轻；

2）具有良好的流量调节功能和关闭严密性；

3）启闭迅速，扭矩小，操作方便；

4）大口径偏心密封结构蝶阀的密封性能优良，耐压力高，寿命长，有取代闸阀、截止阀和球阀的趋势；

5）必须水平安装。

（6）止回阀（图 4-19）

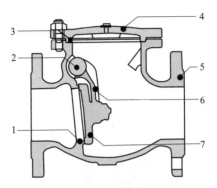

图 4-19　止回阀

1—阀座；2—铰链栓；3—密封垫片；4—盖子；
5—阀体；6—力臂；7—阀盘

止回阀的功能主要是防止介质倒流，又称单向阀或逆止阀，通常安装在液泵、气体压缩机和压力容器的管路上。常用止回阀的结构形式主要有：旋启式和升降式等。

止回阀的主要性能特点如下：

1）旋启式止回阀内关闭件是绕固定轴转动的，阻力小，密封性差，可水平、垂直或倾斜安装在管线上，但要求介质由下向上流，一般适于大口径的场合；

2）升降式止回阀内关闭件是沿阀座中心线移动的，阻力虽大，但密封性好，必须安装在水平管线上。

（7）安全阀

安全阀的功能是防止管道系统、设备和压力容器的内压超过允许值，以保护设备和防范安全事故发生。一般情况下安全阀处于常闭状态，一旦系统超压安全阀就会有开启动作，并能自动排放介质，使系统内压立刻下降而恢复到正常值，此时安全阀就会自动关闭。

主要性能特点如下：

1）弹簧式安全阀：按其结构有内、外弹簧形式之分，前者弹簧暴露在介质内部，而后者弹簧与介质隔开，通常弹簧力通过阀瓣反作用于介质内压力。弹簧式安全阀安装灵活，灵敏度高，密封性好，但弹簧压缩力会随弹簧变形而有所变化。根据排放场合可选排放量小的微启式和排放量大的全启式，需作安全评估。

2）先导式安全阀：通常，将能传导脉冲信号的辅助阀和执行启闭动作的主阀连体合一，适于高压系统大排量的安全放散。值得注意的是，选用全排放型安全阀需按相关规范进行放散量计算。

3）杠杆重锤式安全阀：通过杠杆原理将重力放大后加载于阀瓣，经与介质内压进行动态比较而达到启闭的目的。其优点在于重锤加载重力始终是恒定的，但机构笨重，对振动敏感，回座迟钝，常用在固定设备上。

（8）紧急切断阀（图 4-20）

紧急切断阀主要应用于液化石油气等的气相和液相管道上的快速闭止。传动方式为气动，气缸压力为 0.3～0.8MPa。正常状态时压缩空气作用于气缸底部，阀门常开；出现紧急情况时压缩空气被卸压，使阀门在 10s 内快速关闭。

2. 阀门的选用

阀门的工艺参数、结构和材质决定了其价格的高低，选用阀门时不仅应审慎考虑其安全因素，还应从设计上在其整个寿命期内按工艺运行参数和管材、管件匹配合理，减少漏气点和额外投资。

城镇燃气管网的压力一般较高，在燃气微量杂质中仍含砂质粉尘、不饱和水分、硫化氢、焦油、苯和萘等，介质对阀门内腔加工面和密封件形成较强的冲击力。因此，要求埋地管道上的阀门零部件在承受各种外力作用时不发生变形和动作失灵，同时应选择密封面与介质不接触的密封方式，或采取内外多重密封方式，以防内漏且不许外漏。城镇埋地管网选用阀门要点如下：

（1）通用阀门选型要求

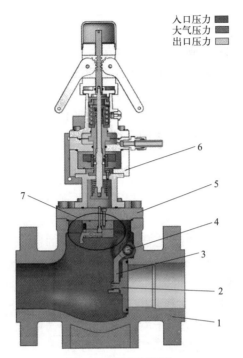

入口压力 ▉
大气压力 ▉
出口压力 ▢

图 4-20　紧急切断阀

1—阀体；2—翻板；3—翻板支架；4—主轴；5—阀盖；
6—指挥器；7—杠杆释放机构

1）尽可能降低阀门的高度，减少管道埋深。

2）阀门顶部应装有全封闭的启闭指示器，便于操作者确定阀门的状态，保证安全操作。

3）阀门采用全通径设计降低阻力，便于管道清扫器或管道探测器通过。

4）可靠的密封性。软密封阀门在 1.1 倍额定压力下不允许有任何内泄漏；硬密封阀门在 1.1 倍额定压力下，内泄漏量要小于规定值；外泄漏是绝对不允许的。

5）地下管网燃气阀门的壳体要耐腐蚀，根据管道燃气的成分和压力采用不同材质壳体的阀门。

6）阀门的零部件设计采用少维护或免维护结构，尽可能减少维护的工作量。

7）地下管网的阀门大多为人工启闭，要求阀门启闭的扭矩小，全程转圈数少，事故发生后能够尽快切断气源。

8）我国城市地下管网错综复杂，不宜设置地下阀门井，推荐使用直埋式阀门。

（2）阀门壳体材质的选用

根据输配管网的压力，选用合适的阀门壳体材质。既要满足管道安全运行，又要降低成本，选用时要注意以下几点：

1）对中压 B 级及以下的输配管网，建议采用灰铸铁阀门。其最大优点是防腐蚀性能好，价格便宜，适用于地下管网。

2）对次高压 B 级及以下的管网，建议选用球墨铸铁或铸钢阀门，推荐选用前者。球墨铸铁的机械性能与铸钢相近，而其防腐蚀性能和铸造工艺都优于铸钢，价格也低于铸钢（一般是铸钢价格的70％左右）。因此，上述压力范围内应尽可能选用球墨铸铁阀门，但要注意对球墨铸铁材质的质量监控。

3）对次高压 A 级及以上的输配管网，建议选用铸钢阀门。

4）近年来，各地天然气公司在 0.4MPa 压力级别及以下的输配管网开始应用 PE 管。PE 球阀可直埋，密封性能较好，但进口价格较高，尤其是 $DN100$ 以上的球阀。

5）压缩天然气（CNG）、液化天然气（LNG）和液化石油气（LPG）管路系统宜选用专用阀门和管件。

（3）选用国内外通用阀门的步骤

1）确定管线内介质的工艺操作参数、介质性质及其质量要求；

2）明确阀门设置的用途、工作环境条件及位置；

3）按工艺要求的功能选择阀门的类型和操作方式；

4）根据工艺管道设计参数，确认管材、管件的应用标准体系，一般情况下"小外径系列"管材应与 JB 或 HGJ 法兰管件相匹配；"大外径系列"管材、管件应与 API（美国石油学会标准）、ANSI（美国国家标准）、ISO（国际标准）以及 GB 国标法兰管件相匹配，然后确定阀门的公称压力和公称直径；

5）按介质的腐蚀性、工作压力、工作温度选择阀体和零部件材料及其密封材料；

6）确定阀门与管道的连接形式；

7）查阅阀门的样本资料，按阀门型号确定所选阀门的几何参数，为现场安装提供基础数据，其内容包括：结构长度、连接形式及尺寸、启闭阀门高度、连接紧固件尺寸及数量、阀门外形尺寸及重量等。

3. 阀门的设置

（1）中压燃气管道每 1.5～2km 宜设分段阀门，并在阀门两侧设置放散管。在燃气支管的起点处，应设置阀门。穿越或跨越重要河流的燃气管道，在河流两岸均应设置阀门。中压楼栋引入管应在伸出地面 1.5m 高处安装架空阀门。

（2）低压燃气管道阀门设置位置：

1）低压分支管供应户数超过 500 户时，在低压分支管的起点处；

2）区域调压站的低压出口处。

（3）阀门井位置的选择：

1）阀门井应尽量避开车行道，设置在绿化带或人行道上；

2）阀门井应选择在地势较高处，不宜选择在积水或排水不畅处；

3）阀门井应尽量避开停车场范围；

4）在有可能扩建或改建道路的地方设置阀门井时，阀门井的标高应考虑满足未来道路的改建或扩建需要。

4.4.2 调压装置

燃气输配系统调压装置的建设需根据不同气源及其输配范围和功能而采用不同的工艺流程。要了解和确定以下三个方面的因素：①下游近期和远期的用气负荷；②上游和下游远期管网的设计压力及运行压力；③上游和下游管网的建设情况。调压装置的建设应按

"远近结合，以近期为主"的方针，根据管网结构平衡合理地划分调压装置供气区域及其配气量，把规划负荷落到实处。调压装置的设计压力应与输配系统压力级制相匹配、与管道压力级别保持一致，同时要根据实际用气负荷发展和管网水力工况，考虑实施调整其运行压力。

按气源接受的情况，通常天然气长输管道末端与城镇天然气门站交接处的压力较高，天然气可直接利用进站压力实现管网分级输配向用户调压供气。除高压气化煤气生产工艺之外，人工燃气制气厂站与城镇燃气储配站交接处的压力较低，人工燃气通常需通过压缩机升压和选择相匹配的储气方式，解决管网分级输配向用户调压供气问题。为了节能，天然气（或高压气化煤气）门站，往往采用单级调压、计量装置系统；而人工燃气储配站则采用压缩机与高压或低压调峰储罐相匹配的多级调压的调压计量装置系统。

按管网输配压力区分，调压装置可分成高-次高压调压站、次高-中压调压站、中-低压调压站。由于管道压力级别中高压、次高压和中压又分为 A、B 两级压力，故实际工程中调压站分类可再细分。

按调压站作用功能分，有区域调压站和专用调压站，调压柜和调压箱之分。当区域调压站用于中-低压两级管网系统时，调压站出站管道与低压管网相连；当箱式调压装置用于中压一级管网系统时，调压箱出口管与小区庭院管道（或楼前管）相连。调压柜既可作管网级间调压，也可用于中压一级管网系统调压直供居民小区或其他用户；居民小区的配气管道限在小区范围内布置，并可根据用户数配置调压柜的大小（流量）或数量。

对独立用户，无论是专用调压站还是调压箱（柜），设定其出口压力时，必须考虑所连接用户室内燃气管道的最高压力或用气设备燃烧器的额定压力，并符合现行国家标准《城镇燃气设计规范（2020 年版）》GB 50028 相关规定，用户室内燃气管道的最高压力如表 4-27 所示、民用低压用气设备燃烧器的额定压力如表 4-28 所示。

用户室内燃气管道的最高压力（表压 MPa）　表 4-27

燃气用户		最高压力	燃气用户	最高压力
工业用户	独立、单层建筑	0.8	商业用户	0.4
			居民用户（中压进户）	0.2
	其他	0.4	居民用户（低压进户）	<0.01

注：1. 液化石油气管道的最高压力不应大于 0.14MPa；

　　2. 管道井内的燃气管道的最高压力不应大于 0.2MPa；

　　3. 室内燃气管道压力大于 0.8 MPa 的特殊用户设计应按有关专业规范执行。

民用低压用气设备燃烧器的额定压力（表压 kPa）　表 4-28

	人工燃气	天然气			液化石油气
		矿井气	天然气、油田伴生气、液化石油气混空气		
民用燃具	1.0	1.0	2.0		2.8 或 5.0

　　《城镇燃气调压器》GB 27790—2020 推荐区域和用户调压器的额定出口压力（表 4-29），可供与调压器出口相连的管道进行水力计算时作参考。

区域和用户调压器的额定出口压力（表压 kPa）　表 4-29

序号	工作介质	区域	楼栋	表前
1	人工燃气	1.76	1.40	1.16
2	天然气	3.00	2.40	2.16
3	液化石油气	3.80	3.04	2.96

4.4.3　防腐及管道保护

1. 腐蚀定义与类型

　　国际标准化组织（ISO）对腐蚀所作的定义为：金属与环境的物理-化学的相互作用，造成金属性能的改变，导致金属、环境或其构成的一部分技术体系功能的损坏。

　　（1）按腐蚀形貌分类

　　1）全面腐蚀（也称整体腐蚀）

　　全面腐蚀指与环境相接触的材料表面均因腐蚀而受到损耗。腐蚀的结果使金属表面以近似相同的速率变薄，重量减轻。

2）局部腐蚀

局部腐蚀是指腐蚀的发生局限在结构的特定区域或部位上。局部腐蚀可分为：点蚀、缝隙腐蚀、浓差电池腐蚀、电偶腐蚀、晶间腐蚀、应力腐蚀、选择性腐蚀、磨损腐蚀、氢腐蚀9种。

（2）按腐蚀反应机理分类

1）化学腐蚀

化学腐蚀指金属和非电解质直接发生纯化学作用而引起的金属损耗，如金属的高温氧化。

2）电化学腐蚀

电化学腐蚀指金属和电解质发生电化学作用而引起的金属损耗。如金属在水溶液（包括土壤）中的腐蚀。电化学腐蚀是最为普遍的腐蚀现象。

（3）按腐蚀环境分类

可分为大气腐蚀、海水腐蚀、土壤腐蚀及化学介质腐蚀等。

2. 钢制燃气管道的防腐方法

燃气管道的防腐方法应根据管道的重要性和腐蚀特性综合确定，分别考虑防止内壁腐蚀和外壁腐蚀的发生。

（1）净化燃气

尽量减少燃气中的杂质含量，尤其是硫化物以及二氧化碳等酸性物质的含量，以防钢制燃气管道的内壁腐蚀。

（2）管道加内衬

钢管出厂前在内壁上附加塑料、树脂等材料的内衬以阻止燃气对钢管内壁的腐蚀。

（3）采用耐腐蚀管材

针对土壤腐蚀性的特点，目前许多城市在中、低压燃气管道上采用耐腐蚀的铸铁管或聚乙烯管。

（4）绝缘层防腐

钢管最大弱点是耐腐蚀性差，尤其是埋地管道外壁腐蚀最为严重，需要外加绝缘防腐层，以加大管道电阻，减缓腐蚀过程。绝缘材料应符合以下要求：

1）与钢管的粘结性好，沿钢管长度方向应保持连续完整性；

2）具有良好的电绝缘性能，有足够的耐压强度和电阻率；

3）具有良好的防水性和化学稳定性；

4）具有抗生物细菌侵蚀的性能，有足够的机械强度、韧性及塑性；

5）材料来源较充足、价格低廉，便于机械化施工。

目前国内外埋地钢管所采用的防腐绝缘材料种类很多，可根据工程的具体情况，选用环氧煤沥青防腐涂层、聚乙烯胶粘带、熔结环氧粉末防腐层、聚乙烯防腐涂层、塑化石油沥青包覆带等，防腐材料及施工方法在不断改进中。

（5）阴极保护法

阴极保护法是根据电化学腐蚀原理，使埋地钢管全部成为阴极区而不被腐蚀，是一种积极、主动的防腐方法。采用阴极保护时，阴极保护不能间断。阴极保护法通常是与绝缘层防腐联合使用。新建的下列燃气管道必须采用外防腐层辅以阴极保护系统的腐蚀控制措施：

① 设计压力大于 0.4 MPa 的燃气管道；

② 公称直径大于或等于 100mm，且设计压力大于或等于 0.01MPa 的燃气管道。

阴极保护法可以分为牺牲阳极保护法、外加电源阴极保护法和排流保护法。

1）牺牲阳极保护法

① 原理

牺牲阳极保护法是利用电极电位较钢管材料负的金属与被保护钢管相连，在作为电解质的土壤中形成原电池。电极电位较高的钢管成为阴极，电流不断地从电极电较低的阳极，通过电解质（土壤）流向阴极，从而使管道得到保护。

② 材料

牺牲阳极的材料通常选用电极电位比钢材负的金属，如镁、铝、锌及其合金作为牺牲阳极材料。

为使阳极保护性电流的输出达到足够的强度，必须使牺牲阳极和电解质（土壤）之的接触电阻减到最小。例如，在有些土壤中，锌阳极表面能形成薄膜，这种薄膜能把锌极和周围的电解质隔开（在饱和碳酸盐的土壤中，这种情况特别严重）。此时，阳极和它周围介质间的接触电阻将无限增大，而使保护作用几乎停止。为了避免这类现象，必须把阳极放置在特殊的人工环境里，即装在填料包里，以减小阳极和电解质（土壤）的接触电阻，使阳极使用耐久，提高保护性能。

③ 适用条件

使用牺牲阳极保护法时，被保护的金属管道应有良好的防腐绝缘层，管道与其他不需保护的管线之间无通电性。土壤的电阻率过高，以及输气管线通过水域时不宜采用这种保护方法。

2）外加电源阴极保护法

① 原理

利用阴极保护站产生的直流电源，其负极与管道连接，使金属管道对土壤造成负电位，成为阴极。外加电源阴极保护法原理如图4-21所示。阴极保护站的正极与接地阳极相连，接地阳极可以采用废钢材、石墨、高硅铁等。电流从正极通过导线流入接地阳极，再经过土壤流入被保护管道，然后由管道经导线流回负极。这样使整个管道成为阴极，而与接地阳极构成腐蚀电池。接地阳极的正离子流入土壤，不断受到腐蚀，从而使管道受到保护。

② 保护标准

地下金属管道达到阴极保护的最低电位称为最小保护电位，在此电位下土壤腐蚀电池被抑制。当阴极保护通电点处金属管道的电位过高时，可使涂于管道上的沥青绝缘层剥落而引起严重腐蚀的后果。因此，必须将通电点最高电位控制在安全数值之内，此电位称作最大保护电位。

工程上，燃气钢管的最小保护电位通常小于或等于$-0.85V$，而最大保护电位一般为$-1.5\sim1.2V$（均以硫酸铜半电池为参比电极）。

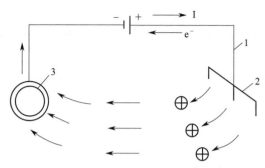

图 4-21　外加电源阴极保护法原理

1—导线；2—辅助阳极；3—被保护管道

③ 保护范围

为了使阴极保护站充分发挥作用，阴极保护站最好设置在被保护管道的中点，阴极保护站的保护范围如图 4-22 所示。

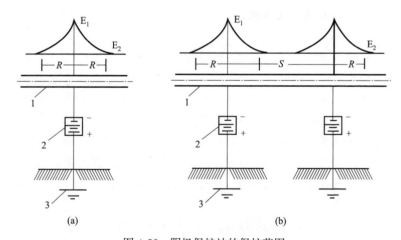

图 4-22　阴极保护站的保护范围

（a）阴极保护站的保护范围；（b）两个阴极保护站的保护范围

1—管道；2—阴极保护站；3—接地阴极

图 4-22 中，E_1 为阴极保护通电点处金属管道的最高电位，E_2 为埋地管道达到阴极保护的最低电位。E_1 越小，则阴极保护站的保护半径 R 就越大。为了达到最大的保护半径，接地阳极和通电

点的连接应与管道垂直，连线两端点的距离约为 300～500m。

一个阴极保护站的保护半径 $R=30～40km$。两个保护站同时运行时，由于阴极保护电位的叠加性，两个阴极保护站之间的保护距离 $S=40～60km$。

3）排流保护法

排流保护法用于防止杂散电流腐蚀。用排流导线将管道的排流点与钢轨连接，使管道上的杂散电流不经土壤而经过导线单向流回电源的负极，从而保证管道不受腐蚀，这种方法称为排流保护法。分为直接排流法和极性排流法两种方式。

直接排流法就是把管道连接到产生杂散电流的直流电源负极上。当回流点的电位相对稳定，管道与电源负极的电位差大于管道与土壤间的电位差时，直流排流才是有效的。

当回流点的电位不稳定，其数值与方向经常变化时，就需要采用极性排流法来防止杂散电流的腐蚀，极性排流法系统示意图如图4-23所示。排流系统设有整流器，保证电流只能沿一个方向流动，以防止产生反向电流。

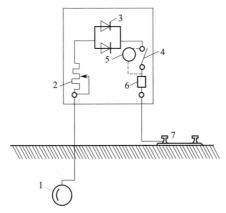

图 4-23 极性排流法系统示意图
1—管道；2—电阻；3—整流器；4—开关；
5—电流表；6—保险丝；7—钢轨

第 5 章

室内燃气系统设计

室内燃气系统由引入管到各用户燃具和用气设备之间的燃气管道、燃具、用气设备及设施组成。其中，燃具是指以燃气作燃料的燃烧器具，包括燃气热水器、燃气采暖热水炉、燃气灶具、燃气烘烤器具、燃气取暖器等；用气设备是指以燃气作燃料进行加热或驱动的较大型燃气设备，如工业炉、燃气锅炉、燃气直燃机、燃气热泵、燃气内燃机、燃气轮机等；户内设施主要包括计量装置、阀门、附属安全装置等。

5.1 室内燃气管道设计

室内燃气管道设计计算的目的，是应用燃气水力计算基本理论和计算公式，确定室内管道的管径、压力及阻力损失。

5.1.1 供应压力

根据《城镇燃气设计规范（2020 年版）》GB 50028—2006 第 10.2.1 条规定：用户室内燃气管道的最高压力不应大于表 5-1 规定。

用户室内燃气管道的最高压力 表 5-1

燃气用户		最高压力（表压 MPa）
工业用户	独立的单层建筑	0.8
	其他	0.4

燃气用户	最高压力（表压 MPa）
商业用户	0.4
居民用户（中压进户）	0.2
居民用户（低压进户）	<0.01

注：1. 液化石油气管道的最高压力不应大于 0.14MPa；

　　2. 管道井内的燃气管道的最高压力不应大于 0.2MPa；

　　3. 室内燃气管道压力大于 0.8MPa 的特殊用户设计应按有关专业规范执行。

燃气供应压力应根据用户设备燃烧器的额定压力及其允许的压力波动范围确定。居民灶具前供气压力的波动范围应在（0.75～1.5）倍燃具额定压力 P_n 之内；当海拔高度大于 500m 时，不同海拔高度 H 及低压燃具额定压力 P_n 参照表 5-2 执行。

不同海拔高度 H 及低压燃具额定压力P_n　　　　表 5-2

序号	海拔高度 H(m)	燃具额定压力 P_n(kPa)		
		人工煤气	天然气	液化石油气
1	0	1.0	2.0	2.8
2	500	1.1	2.1	2.9
3	1000	1.1	2.2	3.1
4	1500	1.2	2.3	3.2
5	2000	1.2	2.4	3.4
6	2500	1.3	2.6	3.6
7	3000	1.3	2.7	3.8
8	3500	1.4	2.8	4.0
9	4000	1.5	3.0	4.2
10	4500	1.6	3.2	4.4
11	5000	1.7	3.3	4.7
12	6000	1.9	3.7	5.2

注：燃具额定压力 P_n 为高海拔地区（$H=500\sim6000$m）时低压燃具前的供气压力。

5.1.2　计算流量

燃气管道的计算流量是进行水力计算和确定管道尺寸的前提。燃气管道的流量通常采用标准体积流量（Nm^3/h）来表示。标准体积流量是在标准条件下通过管道的气体体积。工况体积流量是在一定压力和一定温度下通过管道的气体体积。

1. 居民用户

居民用户燃气管道的设计流量应满足全部燃具在正常工况下的

用气需要。在不确定燃具数量的情况下，可按每户不少于 1 台燃气双眼灶和 1 台燃气热水器计算设计流量。居民用户生活用燃气计算流量可按式（5-1）计算：

$$Q_h = \sum kNQ_n + Q_c \qquad (5\text{-}1)$$

式中　Q_h——燃气管道的计算流量，m^3/h；

　　　k——燃具同时工作系数，居民生活用燃具可按表 5-3 确定；

　　　N——同种燃具或成组燃具的数目；

　　　Q_n——燃具（灶具和燃气热水器）的额定流量，可按表 5-4 确定，m^3/h；

　　　Q_c——其他燃具的额定流量，一般指烤箱、干衣机等。

居民生活用燃具的同时工作系数　　　　表 5-3

同类型燃具数目 N	燃气双眼灶	燃气快速热水器+燃气双眼灶	燃气双眼灶+燃气壁挂炉	同类型燃具数目 N	燃气双眼灶	燃气快速热水器+燃气双眼灶	燃气双眼灶+燃气壁挂炉
1	1.000	1.000	1	60	0.370	0.176	0.75
2	1.000	0.560	1	70	0.360	0.174	0.75
3	0.850	0.440	0.95	80	0.350	0.172	0.75
4	0.750	0.380	0.92	90	0.345	0.171	0.75
5	0.680	0.350	0.89	100	0.340	0.170	0.75
6	0.640	0.310	0.86	200	0.310	0.160	0.75
7	0.600	0.290	0.84	300	0.300	0.150	0.75
8	0.580	0.270	0.82	400	0.290	0.140	0.75
9	0.560	0.260	0.81	500	0.280	0.138	0.75
10	0.540	0.250	0.80	600	0.270	0.136	0.75
20	0.450	0.210	0.75	700	0.260	0.134	0.75
25	0.430	0.200	0.75	800	0.255	0.132	0.75
30	0.400	0.190	0.75	900	0.253	0.131	0.75
40	0.390	0.180	0.75	1000	0.250	0.130	0.75
50	0.380	0.178	0.75	2000	0.240	0.120	0.75

注：1. 表中"燃气双眼灶"是指一户居民装设一个燃气双眼灶的同时工作系数；当每一户居民装设两个单眼灶时，也可参照本表计算；

2. 表中"燃气快速热水器+燃气双眼灶"是指一户居民装设一个燃气双眼灶和一个燃气快速热水器的同时工作系数；

3. 表中"燃气双眼灶+燃气壁挂炉"是指一户居民装设一个燃气双眼灶和一个燃气壁挂炉的同时工作系数。

　　目前，居民用户的燃具可分为燃气灶、燃气快速热水器、燃气壁挂炉（燃气采暖热水炉）、燃气烤箱、燃气干衣机等。居民用户常用灶具额定流量可参考表 5-4。

居民用户常用灶具额定流量　　　表 5-4

灶具或用气设备	额定流量（m³/h）	灶具或用气设备	额定流量（m³/h）
燃气双眼灶	0.7	燃气壁挂炉 30kW	3.0
燃气快速热水器 13L	2.5	燃气烤箱灶	1.0
燃气壁挂炉 20kW	2.0	燃气干衣机	0.4

2. 商业用户和工业企业用户

商业用户和工业企业用户燃气管道计算流量应按所有用气设备的额定流量并根据设备的实际使用情况确定。

目前，商业用户的燃具可分为燃气大锅灶、燃气低汤灶、燃气砂锅灶、燃气蒸柜、燃气蒸箱、燃气蒸煮釜、中餐燃气炒菜灶等商业用户常用灶具额定流量可参考表 5-5。

商业用户常用灶具额定流量　　　表 5-5

灶具名称	额定流量（m³/h）	灶具名称	额定流量（m³/h）
大锅灶	10	砂锅灶 4 眼	1.5
低汤灶单眼	4	三门蒸柜	4
低汤灶双眼	7.8	烧烤炉	1
固定式汤炉	2.5	炸锅灶	1
平扒炉	2.2	蒸箱 50kg	4.8
砂锅灶 12 眼	4	蒸箱 75kg	6
砂锅灶 10 眼	3.2	蒸煮釜 1000	6.5
砂锅灶 8 眼	2.8	蒸煮釜 800	5
砂锅灶 6 眼	2	中餐燃气炒菜灶 双眼	7

工业用户的用气设备有燃气工业炉、燃气锅炉、燃气直燃机、燃气内燃机、燃气轮机等。工业企业生产用气设备的燃气用量，应按下列原则确定：

（1）定型燃气加热设备，应根据设备铭牌标定的用气量或标定热负荷，采用经当地燃气热值折算的用气量；

（2）非定型燃气加热设备应根据热平衡计算确定，或参照同类型用气设备的用气量确定；

（3）使用其他燃料的加热设备需要改用燃气时，可根据原燃料实际消耗量计算确定。

工业用户常用用气设备额定流量可参考表 5-6。

工业用户常用用气设备额定流量　　表 5-6

用气设备名称	额定流量 (m^3/h)	用气设备名称	额定流量 (m^3/h)
燃气热水锅炉(0.7MW)	83	燃气热水锅炉(5.6MW)	664
燃气热水锅炉(1.4MW)	166	燃气热水锅炉(7.0MW)	830
燃气热水锅炉(2.1MW)	226	燃气热水锅炉(14MW)	1660
燃气热水锅炉(2.8MW)	301	燃气热水锅炉(29MW)	3320
燃气热水锅炉(4.2MW)	450	燃气内燃机(发电量 1085kW)	294

5.1.3　水力计算

燃气管道水力计算的目的是根据用户需要的燃气用量和燃气在管道中流动的压力损失，计算出输气管道的经济、可靠管径，以充分发挥管道的输气能力。室内燃气管道水力计算应符合现行国家标准《城镇燃气设计规范（2020 年版）》GB 50028 的有关规定。室内燃气管道的局部阻力损失宜按实际情况计算。室内燃气管道的阻力损失包括沿程和局部阻力损失两部分，可按式（5-2）～式（5-9）计算。

1. 沿程阻力损失

（1）低压燃气管道

根据燃气在管道中不同的运动状态，其单位长度的摩擦阻力损失采用下列各式计算：

1）层流状态 $Re \leqslant 2100$　　$\lambda = 64/Re$

$$\frac{\Delta P}{l} = 1.13 \times 10^{10} \frac{Q}{d^4} \nu \rho \frac{T}{T_0} \tag{5-2}$$

2）临界状态 $Re = 2100 \sim 3500$

$$\lambda = 0.03 + \frac{Re - 2100}{65Re - 10^5} \tag{5-3}$$

$$\frac{\Delta P}{l}=1.9\times10^6\left(1+\frac{11.8Q-7\times10^4 d\nu}{23Q-10^5 d\nu}\right)\frac{Q^2}{d^5}\rho\frac{T}{T_0} \qquad (5\text{-}4)$$

3）湍流状态 $Re>3500$

$$\lambda=0.11\left(\frac{K}{d}+\frac{68}{Re}\right)^{0.25} \qquad (5\text{-}5)$$

$$\frac{\Delta P}{l}=6.9\times10^6\left(\frac{K}{d}+192.2\frac{d\nu}{Q}\right)^{0.25}\frac{Q^2}{d^5}\rho\frac{T}{T_0} \qquad (5\text{-}6)$$

式中　Re——雷诺数；

ΔP——燃气管道摩擦阻力损失，Pa；

λ——燃气管道的摩擦阻力系数；

l——燃气管道的计算长度，m；

Q——燃气管道的计算流量，m^3/h；

d——管道内径，mm；

ρ——燃气的密度，kg/m^3；

T——设计中所采用的燃气温度，K；

T_0——273.15，K；

ν——0℃和101.325kPa时燃气的运动黏度，m^2/s；

K——钢管管壁内表面的当量绝对粗糙度，输送天然气和气态
　　液化石油气时取0.1mm；输送人工煤气时取0.15mm。

（2）次高压、中压燃气管道

钢管单位长度摩擦阻力损失采用下列各式计算：

$$\lambda=0.11\left(\frac{K}{d}+\frac{68}{Re}\right)^{0.25} \qquad (5\text{-}7)$$

$$\frac{P_1^2-P_2^2}{L}=1.4\times10^9\left(\frac{K}{d}+192.2\frac{d\nu}{Q}\right)^{0.25}\frac{Q^2}{d^5}\rho\frac{T}{T_0} \qquad (5\text{-}8)$$

式中　L——燃气管道的计算长度，km。

2. 局部阻力损失

当气流经过三通、弯头、变径管、阀门等管道附件时，由于几
何边界的急剧变化和气流流线的变化，产生的压力损失，称为局部
阻力损失。对于室内管道系统，由于管件附件多，局部阻力损失

大,需逐步进行计算。估算情况下,室内管道的局部阻力可取沿程阻力的50%。

局部阻力损失计算见式(5-9):

$$\Delta P = \sum \xi \frac{\omega^2}{2} \rho \tag{5-9}$$

式中　ΔP——局部阻力的压力损失,Pa;

　　　$\sum \xi$——计算管段局部阻力系数的总和;

　　　ω——管段中燃气流速,m/s,室内低压燃气管道中燃气流速一般控制在$4\sim6$m/s;

　　　ρ——燃气的密度,kg/m^3。

局部阻力系数由实验测定。常用管件的局部阻力系数统计表如表5-7所示。

常用管件的局部阻力系数统计表　　　表5-7

部件名称	ξ 值					
90°直角弯头	直径(mm)	15	20	25	32	40	$\geqslant$50
	ξ 值	2.2	2.1	2.0	1.8	1.6	1.1
90°光滑弯头	0.3					
三通直流	1.0					
三遇分流	1.5					
四通直流	2.0					
四通分流	3.0					
异径管(大小头)	变径比	0~0.50	0.55~0.70	0.75~0.85	0.90~1.00	
	ξ 值	0.50	0.35	0.20	0	
旋塞阀	直径	15	20	25	32	40	$\geqslant$50
	ξ 值	4	2	2	2	2	2
截止阀(内螺纹)	直径	25~40	50	$\geqslant$65		
	ξ 值	6.0	5.0	4.0		
闸板阀(锲如式)	直径	50~100	125~200	$\geqslant$300		
	ξ 值	0.5	0.25	0.15		
止回阀(升降式)	7.0					
排水器	$DN50\sim DN125$,$\xi=2.0$;$DN150\sim DN600$,$\xi=0.50$					

用式(5-9)计算局部阻力比较复杂，实际计算时常采用简化式(5-10)：

$$\Delta P = \sum \xi \alpha Q_0^2 \tag{5-10}$$

式中　ΔP——局部阻力，Pa；

$\quad Q_0$——燃气流量，m^3/h；

$\quad \sum \xi$——管段中局部阻力系数的总和；

$\quad \alpha$——与燃气密度、管径有关的常数，当 $\rho = 0.71 kg/m^3$，$T = 273K$，对应各种管径的局部阻力系数 α 值如表 5-8 所示。

局部阻力系数 α 值　　　　　　　　　表 5-8

管径(mm)	α	管径(mm)	α
15	0.879	75	0.00141
20	0.278	100	4.45×10^{-4}
25	0.114	150	8.79×10^{-5}
32	0.0424	200	2.78×10^{-5}
40	0.0174	250	1.14×10^{-5}
50	0.00712	300	5.49×10^{-6}

在工程计算中有时需要将局部阻力折算成相同管径管段的当量长度，见式(5-11)。

$$L_2 = \sum \xi \frac{d}{\lambda} \tag{5-11}$$

以 l_2 表示 $\sum \xi = 1$ 时的当量长度，则：

$$l_2 = \frac{d}{\lambda} \tag{5-12}$$

管段的计算长度见式(5-13)：

$$L = L_1 + L_2 = L_1 + \sum \xi l_2 \tag{5-13}$$

式中　L——管段计算长度，m；

$\quad L_1$——管段实际长度，m；

$\quad L_2$——管道当量长度，m。

3. 低压管道运行阻力损失

城市燃气低压管道从供应站或调压站到最远燃具管道允许的阻力损失用式（5-14）计算：

$$\Delta P_d = 0.75 P_n + 150 \qquad (5\text{-}14)$$

式中　ΔP_d——从调压站到最远燃具管道允许的阻力损失，其中含室内管道允许的阻力损失，Pa；

　　　P_n——低压燃具的额定压力，Pa。

5.1.4　管径确定

室内燃气管道的管径应根据管道计算流量、管道长度、附加压头等数据，通过水力计算确定。

1. 居民用户

（1）户内管道

居民用户户内管道的管径应根据燃具热负荷、管道长度、附加压头等数据确定。确定管径时，应考虑燃气在流动压力下降及使用住宅建筑高程差而产生的压力变化，压力损失量应控制在允许的范围内。具体管径应根据不同工程实际情况，通过水力计算确定。居民用户户内支管管径如表 5-9 所示。

居民用户户内支管管径　　　　　表 5-9

燃气流量	管径	燃气流量	管径
小于 3 m³/h	$DN15$	3～6 m³/h	$DN20$

（2）立管

居民用户立管具体管径应根据不同工程实际情况，通过水力计算确定。在常规负荷下（每户燃具为燃气快速热水器及燃气双眼灶各一个），居民用户立管管径如表 5-10 所示。

居民用户立管管径　　　　　表 5-10

楼层高度	立管主管径	备注
小于 9 层	$DN25$	—

续表

楼层高度	立管主管径	备注
9～11层	$DN25～DN32$	
12～15层	$DN25～DN32$	一般考虑在至顶 4～5 层变径
16～25层	$DN32～DN40$	一般考虑在至顶 6～7 层变径
26～30层	$DN40～DN50$	一般考虑两次变径

（3）引入管

居民用户引入管的最小公称直径应符合现行国家标准《城镇燃气设计规范（2020 年版）》GB 50028 的有关规定。即：

1）输送人工煤气和矿井气不应小于 25mm；

2）输送天然气不应小于 20mm；

3）输送气态液化石油气不应小于 15mm。

引入管具体管径应根据不同工程实际情况，通过水力计算确定。通常引入管的管径与相连接的最底层立管的管径一致。

2. 商业、工业企业用户

商业、小型工业企业用户室内燃气管道使用的镀锌钢管、无缝钢管管径推荐值如表 5-11 和表 5-12 所示。

镀锌钢管管径推荐　　　　　　表 5-11

计算流量 （m^3/h）		10	20	40	60	80	100	120	150	200	250	300	400
管道管径 （mm）		压力损失（Pa）											
$DN32$	水平管	3.70	13.10	—	—	—	—	—	—	—	—	—	—
	垂直管	−2.20	7.30	—	—	—	—	—	—	—	—	—	—
	流速	2.82	5.64	—	—	—	—	—	—	—	—	—	—
$DN40$	水平管	1.75	6.14	22.07	—	—	—	—	—	—	—	—	—
	垂直管	−4.05	0.33	16.27	—	—	—	—	—	—	—	—	—
	流速	2.07	4.15	8.29	—	—	—	—	—	—	—	—	—

计算流量（m³/h）		10	20	40	60	80	100	120	150	200	250	300	400
管道管径（mm）		压力损失（Pa）											
DN50	水平管	—	1.87	6.60	13.97	23.93	—	—	—	—	—	—	—
	垂直管	—	−3.93	0.79	8.16	18.13	—	—	—	—	—	—	—
	流速	—	2.55	5.09	7.64	10.19	—	—	—	—	—	—	—
DN65	水平管	—	—	1.88	3.93	6.68	10.10	14.12	21.60	—	—	—	—
	垂直管	—	—	−3.92	−1.87	0.87	4.30	8.40	15.80	—	—	—	—
	流速	—	—	3.05	4.58	6.10	7.63	9.15	11.44	—	—	—	—
DN80	水平管	—	—	—	1.69	2.86	4.30	6.03	9.13	15.65	23.87	—	—
	垂直管	—	—	—	−4.11	−2.94	−1.50	0.22	3.32	9.85	18.07	—	—
	流速	—	—	—	3.23	4.32	5.40	6.48	8.11	10.81	13.51	—	—
DN100	水平管	—	—	—	—	—	1.13	1.57	2.36	4.01	6.07	8.54	14.69
	垂直管	—	—	—	—	—	−4.67	−4.23	−3.44	−1.79	0.27	2.74	8.89
	流速	—	—	—	—	—	3.13	3.76	4.69	6.26	7.82	9.39	12.52

无缝钢管管径推荐 表 5-12

计算流量（m³/h）		10	20	40	60	80	100	120	160	200	250	300	400
管道管径（mm）		压力损失（Pa）											
D38×3.5	水平	7.06	25.29	—	—	—	—	—	—	—	—	—	—
	垂直	1.26	19.49	—	—	—	—	—	—	—	—	—	—
	流速	3.68	7.36	—	—	—	—	—	—	—	—	—	—
D45×3.5	水平	2.62	9.24	33.46	—	—	—	—	—	—	—	—	—
	垂直	−3.18	3.44	27.66	—	—	—	—	—	—	—	—	—
	流速	2.45	4.90	9.80	—	—	—	—	—	—	—	—	—

续表

计算流量 (m³/h)		10	20	40	60	80	100	120	160	200	250	300	400
管道管径 (mm)		压力损失(Pa)											
D57×3.5	水平	—	2.41	8.55	18.15	31.15	—	—	—	—	—	—	—
	垂直	—	—3.39	2.75	12.35	25.35	—	—	—	—	—	—	—
	流速	—	2.38	5.66	8.49	11.32	—	—	—	—	—	—	—
D76×4	水平	—	—	1.89	3.96	6.72	10.17	14.30	21.76	—	—	—	—
	垂直	—	—	—3.91	—1.84	0.92	4.37	8.50	15.96	—	—	—	—
	流速	—	—	3.06	4.59	6.12	7.65	9.18	11.47	—	—	—	—
D89×4	水平	—	—	—	1.68	2.84	4.28	5.99	9.07	15.55	—	—	—
	垂直	—	—	—	—4.12	—2.96	—1.52	0.19	3.27	9.75	—	—	—
	流速	—	—	—	3.23	4.31	5.39	6.47	8.09	10.78	—	—	—
D108×4	水平	—	—	—	—	1.52	2.12	3.19	5.43	8.24	11.60	—	—
	垂直	—	—	—	—	—4.28	—3.68	—2.61	—0.37	2.43	5.80	—	—
	流速	—	—	—	—	3.54	4.24	5.31	7.07	8.48	10.60	—	—
D133×4	水平	—	—	—	—	—	1.07	1.80	2.72	3.81	6.51	—	
	垂直	—	—	—	—	—	—4.73	—4.00	—3.08	—1.99	0.71		
	流速	—	—	—	—	—	3.40	4.53	5.66	6.79	9.05		

对于大型用气设备，比如燃气锅炉的燃气管道一般采用单管供气，用户有特殊要求（常年不间断供气）时采用双管路供气，每条管道的通过能力按锅炉房总耗气量的 70% 计算。锅炉房及工业用户燃气管道管径计算除考虑燃气用具的额定流量和压力的要求外，燃气用具前的管道还应考虑一定的储气能力，以使管道供气能有一定的缓冲时间，避免点火瞬间因燃气压降过大无法点燃，缓冲时间宜按 5s 考虑。燃气用具前管道的管径可按式（5-15）计算：

$$d = 18.8 \times \sqrt{\frac{Q_s}{v}} \tag{5-15}$$

式中　d——管道直径，mm；

　　　Q_s——工况流量，燃气在工作状态下的流量，m^3/h；

　　　v——燃气允许流速，m/s。一般控制在 10m/s。

在燃烧器前应设置放散管、取样管。放散管接口位置应能满足将管道内燃气或空气吹净的要求。可根据具体情况，将放散管分别或集中引至室外。放散管出口应设置在适当位置，使放散出去的气体不致被吸入室内或通风装置内。单台锅炉接管管径和燃气放散管直径可参考表 5-13 选取。

单台锅炉接管管径和燃气放散管直径推荐表　　表 5-13

锅炉吨位(t)	燃气负荷(m³/h)	锅炉接管管径	燃气放散管直径
0.1	8.3	DN25	DN25
0.3	24.9	DN40	
0.5	41.5	DN50	
1.0	83.0		
2.0	166.0	DN80	DN32
3.0	226.0		
4.0	301.0		
5.0	415.0	DN100	DN40
6.0	450.0		
8.0	664.0		
10.0	830.0	DN150	DN50
12.0	996.0		
14.0	1162.0		
16.0	1328.0		
18.0	1494.0		
20.0	1660.0	DN200	DN65
30.0	2490.0	DN300	DN80
40.0	3320.0		

5.1.5　管道布置

1. 管道位置

室内燃气管道按安装部位分为引入管、立管、室内明设及暗设管道等。

燃气引入管的引入方式主要有地上引入和地下引入两种，不同引入管示意如图 5-1 所示。

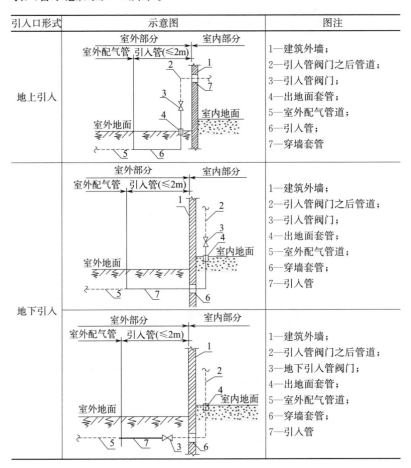

引入口形式	示意图	图注
地上引入		1—建筑外墙； 2—引入管阀门之后管道； 3—引入管阀门； 4—出地面套管； 5—室外配气管道； 6—引入管； 7—穿墙套管
地下引入		1—建筑外墙； 2—引入管阀门之后管道； 3—引入管阀门； 4—出地面套管； 5—室外配气管道； 6—穿墙套管； 7—引入管
		1—建筑外墙； 2—引入管阀门之后管道； 3—地下引入管阀门； 4—出地面套管； 5—室外配气管道； 6—穿墙套管； 7—引入管

图 5-1　引入管示意图

不同燃气管道敷设位置如表 5-14 所示。

不同燃气管道敷设位置   表 5-14

管道名称	严禁敷设位置	不应敷设位置	不宜敷设位置
引入管	卧室、卫生间、易燃易爆品仓库、配电间、有腐蚀性介质房间、发电间、通风机房、变电室、不使用燃气的空调机房、计算机房、电缆沟、烟道、进风道、垃圾道；封闭楼梯间、防烟楼梯间及其前室	住宅建筑的敞开楼梯间	—
立管	卧室、卫生间、易燃易爆品仓库、配电间、变电室、电缆沟、烟道、进风道、电梯井；封闭楼梯间、防烟楼梯间及其前室	—	—
室内明设及暗设管道	易燃易爆品仓库、配电间、变电室、电缆沟、烟道、进风道、电梯井、卧室；有腐蚀性介质房间；封闭楼梯间、防烟楼梯间及其前室	—	起居室(厅)、走道内；卫生间、阁楼、壁橱
暗封管道	—	受外力冲击及暖气烘烤位置；不可拆卸、检修不便、通风不畅的位置	—
暗埋管道	承重的墙、柱、梁、板	—	—

注：住宅建筑的敞开楼梯间内确需设置燃气管道时，应采用金属管及设置切断气源阀门。

2. 安全净距

室内燃气管道和电器设备、相邻管道净距不应小于表 5-15 的规定。

室内燃气管道和电器设备、相邻管道净距   表 5-15

管道和设备		与燃气管道的净距(cm)	
		平行敷设	交叉敷设
电气设备	明装的绝缘电线或电缆	25	10 (注 1)
	暗装或管内绝缘电线	50(从所做的槽或管子的边缘算起)	1
	电压小于 1000V 的裸露电线	100	100
	配电盘或配电箱、电表	30	不允许
	电插座、电源开关	15	不允许

续表

管道和设备	与燃气管道的净距(cm)	
	平行敷设	交叉敷设
相邻管道	便于安装、检修	2
燃具	与主立管水平间距不应小于 30cm；与灶前管水平间距不得小于 30cm（注 2）；燃气管道通过燃具上方时，应位于抽油烟机上方，且与燃具的垂直净距应大于 100cm	
住宅或公共建筑物中不应敷设燃气管道的房间门、窗洞口	30（室外低压管道）	
引入管的安装距离要求		
名称	净距(m)	
引入管与室外埋地 PE 管相连时，连接位置与建筑物基础	≥0.5	
地上引入管与建筑外墙	0.1～0.15	
灶具连接管的安全净距		
名称	净距(m)	
灶具连接管与灶具	应在灶具面板下且净距≥0.3	

注 1. 当明装电线加绝缘套管且套管两端各伸出燃气管道 10cm 时，套管与燃气管道的交叉净距可降至 1cm。

2. 灶前管为铝塑复合管或不锈钢波纹软管（含其他覆塑的金属管）时，与燃气灶具的水平间距不得小于 50cm；灶前管与热水器水平间距不得小于 20cm。

5.1.6　管道管材

室内燃气管道管材的选择，应根据管道的设计压力、温度、介质特性、使用及施工环境等因素，经技术经济比较后确定。居民用户室内燃气管道管材推荐表如表 5-16 所示。

居民用户室内燃气管道管材推荐表　　　表 5-16

敷设位置		管道类型	管道材质	执行规范	备注
引入管	地上引入	热镀锌钢管	Q235B	GB/T 3091	最小管径 20mm
		无缝钢管	20 号	GB/T 8163	最小管径 20mm
	地下引入	无缝钢管	20 号	GB/T 8163	最小管径 20mm

敷设位置		管道类型	管道材质	执行规范	备注
立管	建筑高度 ≤27m	热镀锌钢管	Q235B	GB/T 3091	—
		无缝钢管	20 号	GB/T 8163	—
		薄壁不锈钢管	022Cr17Ni12Mo2 (S31603)或 06Cr17Ni12Mo2 (S31608)	GB/T 12771	—
	27m＜ 建筑高度 ≤50m	无缝钢管	20 号	GB/T 8163	—
		热镀锌钢管	Q235B	GB/T 3091	—
	建筑高度 ＞50m	无缝钢管	20 号	GB/T 8163	—
室内管道	明设管道	热镀锌钢管	Q235B	GB/T 3091	—
		无缝钢管	20 号	GB/T 8163	—
		薄壁不锈钢管	022Cr17Ni12Mo2 (S31603)或 06Cr17Ni12Mo2 (S31608)	GB/T 12771	—
		不锈钢波纹软管	GB 41317	GB 41317	—
	暗埋管道	不锈钢波纹软管	GB 41317	GB 41317	—
	暗封管道	不锈钢波纹软管	GB 41317	GB 41317	—
		无缝钢管	20 号	GB/T 8163	—
		热镀锌钢管	Q235B	GB/T 3091	—
		薄壁不锈钢管	022Cr17Ni12Mo2 (S31603)或 06Cr17Ni12Mo2 (S31608)	GB/T 12771	—
灶具连接管		燃气用具连接用 金属包覆软管	GB 44017	GB 44017	判废年限 为 8 年
		燃气用具连接用 不锈钢波纹软管	GB 41317	GB 41317	
		燃气用具连接内 用橡胶复合软管	GB 44023	GB 44023	—

注：建议管材优先选择排序靠前的种类，同一管道系统管材宜相同。

5.1.7 管道壁厚

钢质燃气管道直管段计算壁厚应按式(5-16)计算,计算壁厚应按钢管标准规格向上选取钢管的公称壁厚。

$$\delta = \frac{PD}{2\sigma_s F\varphi} \tag{5-16}$$

式中 δ——管壁计算厚度,cm;

P——管道设计压力,MPa;

D——管道外径,cm;

σ_s——钢管道最低屈服强度,MPa;

F——强度设计系数,室内管道强度设计系数取0.3;

φ——管道纵向焊缝系数,无缝钢管时取1.00,直缝钢管时取0.90,螺旋焊缝钢管单面焊时取0.80,双面焊时取1.00。

低压用户户内燃气管道的最小壁厚可按表5-17室内燃气管道壁厚推荐表选取。

室内燃气管道壁厚推荐表　　　　　　　　表 5-17

管道材料	公称直径(mm)	外径(mm)	壁厚(mm)	
无缝钢管	DN15	22	3	
	DN25	32	3	
	DN32	38	3	
	DN40	45	3.5	
	DN50	57	3.5	
	DN80	89	4.5	
	DN100	108	4.5	
	DN150	159	5	
热镀锌钢管	公称直径(mm)	壁厚(mm)		
		普通钢管	加厚钢管	
	DN15	2.8	—	
	DN20	2.8	—	
	DN25	3.2	4.0	
	DN32	3.5	4.0	
	DN40	3.5	4.5	
	DN50	3.8	4.5	

续表

管道材料	公称直径(mm)	外径(mm)	壁厚(mm)
薄壁不锈钢管	—		≥0.6
不锈钢波纹软管	—		≥0.2

注：高层建筑沿外墙架设的和屋面上的燃气管道在避雷保护范围以外的，其管壁厚均不得小于4mm。

5.1.8 管道连接

室内钢质燃气管道连接方式有螺纹连接和焊接连接，管道与设备主要采用法兰和螺纹连接。室内中、低压燃气管道的安装方式推荐表如表5-18所示。

室内中、低压燃气管道的安装方式推荐表 表5-18

类型	管径	管材	材质	连接方式	备注
室内中压燃气管道	—	无缝钢管	20号	焊接	—
室内低压燃气管道	≤50	镀锌钢管	Q235B	螺纹连接	—
	—	无缝钢管	20号	焊接	密闭空间
	—	不锈钢波纹管	—	卡套式	表用安装
	—	铝塑复合管	—	卡套或承插式	表后安装

5.1.9 管道套管

燃气管道穿过建筑物基础、墙、楼板或管沟时，均应设置在套管中，并应考虑沉降的影响，必要时应采取补偿措施。套管与基础、墙或管沟等之间的间隙应填实，其厚度应为被穿过结构的整个厚度。套管与燃气管道之间的间隙应采用柔性防腐、防水材料密封。

燃气引入管穿基础墙示意图如图5-2所示。

燃气管穿外墙示意图如图5-3所示。

燃气管穿隔断墙示意图如图5-4、5-5所示。

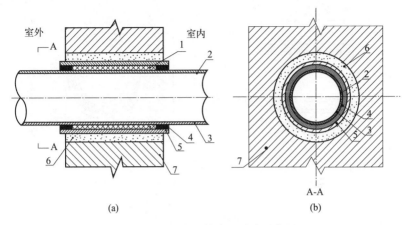

图 5-2　燃气引入管穿基础墙示意图

（a）示意图；（b）剖面图

1—柔性防腐防水材料；2—钢管；3—防腐层；4—封堵材料；

5—套管；6—防腐防水材料；7—基础墙

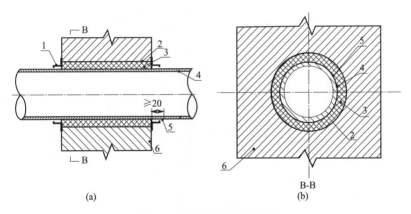

图 5-3　燃气管穿外墙示意图

（a）示意图；（b）剖面图

1—装饰圈；2—PVC套管；3—柔性防腐防水材料；

4—不锈钢管；5—热收缩套；6—外墙

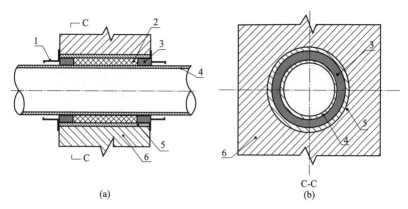

图 5-4 燃气管穿隔断墙示意图

（a）示意图；（b）剖面图

1—装饰圈；2—柔性防腐防水材料；3—封堵材料；4—钢管；5—套管；6—隔断墙

燃气管穿楼板示意图如图 5-5 所示。

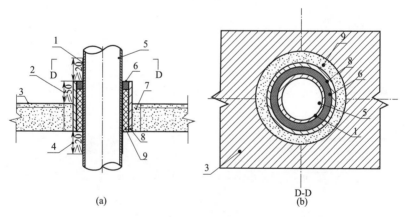

图 5-5 燃气管穿楼板示意图

（a）示意图；（b）剖面图

1—防腐层；2—套管出地面高度；3—装修后地面；4—防腐层伸出套管长度；

5—钢管；6—封堵材料；7—防水材料；8—套管；9—柔性防腐防水材料

燃气管穿基础墙、外墙、隔断墙和楼板时，套管规格推荐表如表 5-19 所示。

套管规格推荐表　　　　　表 5-19

燃气管直径(mm)	DN15	DN20	DN25	DN40	DN50	DN80	DN100	DN150
套管直径（mm）	DN32	DN40	DN50	DN80	DN80	DN125	DN150	DN200

5.1.10　管道阀门

1. 阀门布置

燃气管道阀门是重要的安全切断装置。燃气设备停用或检修时必须关断阀门。一般情况下室内燃气管道的下列部位应设置阀门：燃气引入管；调压器前和燃气表前；燃气用具前；测压计前；放散管起点。

燃气管道阀门的详细布置要求如下：

（1）建筑燃气引入管阀门的设置除满足国家规范的要求外，还应符合下列要求：

1）每个独立建筑物的燃气引入管应设置切断阀，并应采用球阀；

2）燃气引入管阀门应设在室外；

3）公共建筑、地下室、半地下室应在室外设置球阀；

4）燃气锅炉房、直燃机房燃气引入管应设置手动球阀和紧急自动切断阀，紧急自动切断阀停电时应处于关闭状态。

（2）在下列场所宜设置燃气紧急自动切断阀：

1）地下室、半地下室和地上密闭的用气房间；

2）一类高层民用建筑；

3）燃气用量大、人员密集、流动人员多的商业建筑；

4）重要的公共建筑；

5）有燃气管道的管道层。

（3）燃气紧急自动切断阀的设置应符合下列要求：

1）紧急自动切断阀应设在用气场所的燃气入口管、干管或总管上；

2）紧急自动切断阀宜设在室外；

3）紧急自动切断阀前应设手动切断阀；

4）紧急自动切断阀宜采用自动关闭、现场人工开启型。当现场燃气浓度达到设定值时，报警后关闭。

（4）工业、商业用户燃气总管进入用气建筑或房间设置总控制阀门时，总控制阀宜设置在室外或用气房间外；设置在室内或用气房间内时，阀门应设置在便于操作的位置。

（5）用户燃气流量计前后应安装阀门。若流量计靠近总控制阀门时，可合二为一。

（6）每台燃气设备前均应安装控制阀门。用气设备未设置阀门时，燃气管道上应串联装设两个阀门。

（7）工业企业室内燃气管道，阀门设置应符合下列规定：

1）各用气车间的进口和燃气设备前的燃气管道上均应单独设置阀门，阀门安装高度不宜超过 1.7m，燃气管道阀门与用气设备阀门之间应设放散管；

2）每个燃烧器的燃气接管上，必须单独设置有启闭标记的燃气阀门；

3）每个机械鼓风的燃烧器，在风管上必须设置有启闭标记的阀门；

4）大型或并联装置的鼓风机，其出口必须设置阀门；

5）放散管、取样管、测压管前必须设置阀门。

2. 阀门的形式

室内中、低压燃气管道阀门通常采用球阀。当管径小于或等于 $DN50$ 时，采用丝扣球阀；当管径大于 $DN50$ 时，采用法兰球阀。管径大于 150mm 时，快速切断阀要带涡轮和涡杆。对通风条件不良的商业用户，灶具接管上应设法兰球阀和法兰。

5.1.11 管道支撑

1. 支撑类型

燃气管道常用支撑形式包括：固定支架、导向支架和滑动支架。表 5-20 所示为用户工程常用支架类型，导向支架选型应结合管道应力计算确定。

常用支架类型　　　　　表 5-20

名称	类型	代码	简图
导向支架	针型支架	ZDA	
	T 型支架	ZDB	
	角钢支架	ZDC	

续表

名称	类型	代码	简图
固定支架	针型支架	ZGA	
	T型支架	ZGB	
	角钢支架	ZGC	

注：当支架与管道材质不一致时圆钢管卡外应加透明橡胶套管（壁厚不应小于3mm）。

2. 支架的选型和设置

（1）支架的选型和设置如表 5-21 所示。

支架的选型和设置 表 5-21

类型	代码	安装部位	材质	设置	
				管径	离墙间距（mm）
针型支架	ZDA ZGA	引入管立管水平管	304 号不锈钢（含钢板及紧固件） Q235A 钢（含钢板、角钢及紧固件）	$DN15\sim$ $DN40$	$40\sim100$
T 型支架	ZDB ZGB	引入管立管水平管	Q235A（含钢板、角钢及紧固件）	$DN25$ $DN32$	120
				$DN40$ $DN50$	130
				$DN80$	150
				$DN100$	160
				$DN150$	180
角钢支架	ZDC	引入管立管水平管	Q235A（含钢板、角钢及紧固件）	$DN50$ $DN80$	$100\sim210$
				$DN100$	$140\sim220$
	ZGC	立管水平管		$DN150$	$170\sim230$

注：1. 建议优先选择排序靠前的支架类型及材料。

2. 当管道离墙间距大于上表时，应采用 ZDC 或 ZGC 型支架，其结构尺寸应另行核算。

（2）支架的设置间距

钢管支架最大间距推荐表如表 5-22 所示。

钢管支架最大间距推荐表 表 5-22

管道公称直径（mm）	垂直管道支架最大间距（m）	水平管道支架最大间距（m）
15	2.5	2.5
20	3.0	2.5
25	3.0	2.5
32	3.0	2.7
40	3.5	3.0
50	3.5	3.0
80	4.5	3.0
100	4.5	3.0
150	5.5	5.5

（3）固定支架的设置

对固定支架的设置位置，应通过分析计算确定，一般可参考表 5-23 所示固定支架的设置推荐表选取。

固定支架的设置推荐表　　　　　表 5-23

部位	固定点位置	选择原则	备注
引入管	立管底部支撑固定	（1）有利于两固定点间管段的自然补偿； （2）选Ⅱ形补偿器时，宜设置在两固定点中部； （3）固定点宜靠近需要限制分支管位移的地方； （4）固定点的载荷，应考虑该管段重力、固定支架与管道摩擦阻力及其两侧各滑动支架的摩擦反力	设防沉降金属软管

5.1.12　管道补偿

燃气水平管、立管和引入管必要时应有补偿措施，以防止形变过大对燃气管道造成破坏。燃气管道补偿措施表如表 5-24 所示。

燃气管道补偿措施表　　　　　表 5-24

位置	补偿类别	补偿措施
架空水平干管	温差补偿	自然补偿、π 型补偿、波纹补偿器
立管	温差补偿	π 型补偿、波纹补偿器
引入管	建筑沉降量补偿	不锈钢波纹软管

1. 水平管的热补偿

当水平管直管段长度大于等于 40m，或安装温度与全年极限温度的差值大于或等于 40℃时，须采取必要的措施吸收管道热伸缩量，消除管道热应力。水平管温差补偿措施选用原则推荐表如表 5-25 所示。

水平管温差补偿措施选用原则推荐表　　　　　表 5-25

序号	补偿措施	选用原则
1	自然补偿	（1）两固定支架间管道自然走向形成 L 形、Z 形弯曲； （2）L 形补偿直管段 $L \leqslant 25\text{m}$，Z 形补偿直管段 $L_1 + L_2 \leqslant 50\text{m}$； （3）管道转角 $\leqslant 150°$； （4）管径 $\leqslant DN200$

续表

序号	补偿措施	选用原则
2	π 型补偿器	(1)应根据两固定支架之间直管段的热伸缩量,参照 π 型补偿器选用表选择合适的外形尺寸; (2)安装空间满足 π 型补偿器高度 H 和宽度 b 的要求; (3)满足建筑外观的美化要求
3	波纹补偿器	(1)水平管的波纹补偿器一般选用单式轴向型,质量标准符合现行国家标准《金属波纹管膨胀节通用技术条件》GB/T 12777 的相关要求; (2)应参照产品选型手册,根据热伸缩量,选择合适的波数; (3)管道热伸缩量不应大于波纹补偿器补偿量的 80%; (4)两固定支架之间只能设置一套波纹补偿器

注:建议优先选择排序靠前的补偿方式。

2. 立管的温差补偿

(1)高层民用立管每 10～13 层应设置一个固定支架,最上面一个固定支架往上和最下面一个固定支架往下的楼层数宜为 3～5 层。两个固定支架之间应采取温差补偿措施。立管温差补偿措施设计原则推荐表如表 5-26 所示。

立管温差补偿措施设计原则推荐表   表 5-26

序号	补偿措施	选用原则
1	π 型补偿器	(1)立管上的 π 型补偿宜采用高宽相等的型号,高度不宜大于 0.6m; (2)π 型补偿器宜设置在建筑外立面饰线位置
2	波纹补偿器	(1)立管上的波纹补偿器一般选用单式轴向型,质量标准符合现行国家标准《金属波纹管膨胀节通用技术条件》GB/T 12777 的相关要求; (2)应参照产品选型手册,根据热伸缩量,选择合适波数; (3)管道热伸缩量不应大于波纹补偿器补偿量的 80%; (4)两固定支架之间只能设置一套波纹补偿器; (5)波纹补偿器宜设置在便于检修的位置

注:建议优先选择排序靠前的补偿方式。

(2)固定支架及补偿器的设置层数应考虑安装温度,经计算确定。表 5-27 给出了立管固定支架及补偿器的安装经验值。

立管固定支架及补偿器的安装经验值　　表 5-27

总层数	固定支架设置层数	π型补偿器设置层数	波纹补偿器设置层数
11	6	无	无
12	3、9	6	9
13	3、10	6	10
14	4、10	7	10
15	4、11	7	11
16	4、12	8	12
17	5、12	8	12
18	5、13	9	13
19	5、14	9	14
20	5、15	10	15
21	5、16	10	16
22	5、17	11	17
23	3、11、20	7、15	11、20
24	3、12、21	7、16	12、21
25	3、12、22	7、17	12、22
26	3、13、23	8、18	13、23
27	4、13、23	8、18	13、23
28	4、14、24	9、19	14、24
29	4、14、25	9、19	14、25
30	4、15、26	9、20	15、26
31	5、15、26	10、20	15、26
32	5、16、27	10、21	16、27
33	5、16、28	10、22	16、28

注：π型补偿器可以就近移至建筑外立面装饰线位置设置。

（3）引入管的沉降量补偿

为了防止建筑和引入位置地面发生垂直位移破坏管道，有时须采取防沉降措施，防沉降补偿的设置原则如表 5-28 所示。

防沉降补偿的设置原则　　表 5-28

须要采取防沉降措施的情况	可以不采取防沉降措施的情况
(1)建筑层数≥11层； (2)建筑的设计沉降量≥50mm； (3)引入位置存在地下室回填	(1)建筑层数≤10层； (2)引入位置位于地下室顶板上

高层建筑沉降量补偿推荐采用不锈钢金属软管，设置在出地横管处。质量应符合现行国家标准《波纹金属软管通用技术条件》GB/T 14525 的相关规定。不同厂家的金属软管补偿量会有不同，不锈钢金属软管横向沉降量参考表如表 5-29 所示。

不锈钢金属软管横向沉降量参考表 表 5-29

公称直径 DN（mm）	$L=300mm$ 时横向沉降量（mm）	$L=500mm$ 时横向沉降量（mm）
25	28.2	121.3
32	19.7	91.5
40	15.7	73.8
50	14.2	62.7
65	16.3	64.5
80	13.7	53.8
100	11.1	44.3
150	7.4	29.7

5.1.13 管道防雷防静电

管道防雷防静电设计要求如下：

（1）金属燃气管道须采取防雷防静电措施。

（2）地上金属燃气管道与其他金属构架和其他长金属物平行敷设时，若净距小于 100mm，应用金属线跨接，跨接点的间距不应大于 30m；交叉敷设时，若净距小于 100mm，其交叉点应用金属线跨接。

（3）架空敷设的金属燃气管道的始端、末端、分支处以及直线段，每隔 25m 处应设置接地装置，其接地电阻不应大于 10Ω。

（4）进出民用建筑物的燃气管道的进出口处，室外的屋面管、立管、放散管、引入管和燃气设备等处应有防雷、防静电接地设施。

（5）埋于地下的金属跨接线，由于易受腐蚀，应采用热镀锌圆钢，圆钢直径应在 10mm 以上。

（6）当金属燃气管道螺纹连接的弯头、阀门、法兰盘（绝缘法兰除外）等连接处的过渡电阻大于 0.03Ω 时，连接处应采用金属线跨接。不少于 5 根螺栓连接的法兰盘，在非腐蚀环境下可不跨接。

（7）屋顶燃气管道防雷应采取以下措施：

1）屋面金属燃气管壁厚大于或等于 4mm；

2）宜布置在远离建筑物的屋角、檐角、女儿墙的上方、屋脊等雷击率较高的部位；

3）与屋顶接闪网（带）至少应有两处采用金属线跨接，且跨界点的净距不应大于 25m。当屋面金属燃气管道与接闪网（带）的水平、垂直净距小于 100mm 时，也应跨接。

（8）引入管、立管防雷接地措施如表 5-30、表 5-31 所示。

引入管防雷接地措施　　　　表 5-30

引入管地下部分

庭院管	中间接头	引入管	防雷接地措施
PE 管	钢塑转换接头	钢管	燃气管出地前须进行接地
钢管	绝缘接头或绝缘法兰	钢管	绝缘接头处设置火花放电间隙，且燃气管出地前需进行接地

引入管地上部分

阀门	需进行等电位跨接

立管防雷接地措施　　　　表 5-31

外立管	与户内分支管相连时,应设绝缘法兰或防雷接头,两端应分别就近接地
	金属管壁厚不小于 4mm
	立管高度≤60m,立管两端及中间需进行接地
	立管高度＞60m,除两端及中间需进行接地外,从 60m 起,每隔 12m 需进行一次接地
	外立管为镀锌钢管时,各丝扣连接处需进行跨接
内立管	户内燃气支管需与建筑室内等电位连接箱连接

5.2 居民用户燃气系统设计

5.2.1 燃具选型及布置

1. 燃具选型

燃具的选型应符合下列规定：

1) 设置在室外或未封闭的阳台时，应选用室外型燃气热水器、燃气采暖热水炉；

2) 当不具备可提供自然排气抽力的烟道时，室内设置的燃气热水器应选用半密闭强制排气式或密闭式；

3) 室内设置的燃气采暖热水炉应选用密闭式。

需要指出的是：室内型自然排气式、强制排气式燃气热水器为半密闭式燃具；室内型自然给排气式、强制给排气式燃气热水器为密闭式燃具；室外型燃气热水器为直排式燃具。

2. 燃具布置

居民燃具的设置位置如表 5-32 所示。

居民燃具的设置位置 表 5-32

禁止位置	安装要求
(1)不应设置在卧室内。 (2)使用人工煤气、天然气的燃具不应设置在地下室,当燃具设置在半地下室或地上密闭房间时,应设置机械通风、燃气/烟气(一氧化碳)浓度检测报警等安全设施。 (3)燃具不应与使用固体燃料的设备共用一个烟道	(1)应安装在通风良好,有给排气条件的厨房或非居住房间内。 (2)严寒地区厨房应设自然通风道或通风换气设施。 (3)住宅中应预留燃具的安装位置,并应设置专用烟道或在外墙上留有通往室外的孔洞

（1）燃气灶具

设置燃气灶具的房间除应符合表 5-32 规定外，尚应符合表 5-33 的要求。

燃气灶具的设置要求 表 5-33

设置条件	安装要求
设置灶具的房间	应设门并与卧室、起居室等隔开
设置灶具的房间净高	大于或等于 2.2m
放置灶具的灶台及与灶具相邻的墙面	应采用不燃烧材料,当采用难燃烧材料时,应设防火隔热板
灶具前手动快速切断阀及灶具连接用软管的位置	应低于灶具灶面 3cm 以上
2 台或 2 台以上的灶具并列安装	灶与灶之间的水平净距应大于或等于 50cm

燃气灶具与设备、管道的安全净距应符合表 5-34 的要求。

燃气灶具与设备、管道的安全净距 表 5-34

名称	与燃气灶具的水平净距(cm)
墙面	10
木质门、窗、家具	20
高位安装的燃气表	30
金属燃气管道	30
不锈钢波纹软管(含其他覆塑的金属管)	50

（2）燃气热水器

设置燃气热水器的房间除应符合表 5-32 规定外，尚应符合表 5-35 的要求。

燃气热水器的设置要求 表 5-35

设置条件	安装要求
设置在室外时	应选用室外型燃气热水器;室外型燃气热水器的排气筒不得穿过室内
安装燃气热水器的房间	净高大于或等于 2.2m
设置在有外墙的卫生间时	必须安装密闭式燃气热水器
安装燃气热水器的墙面或地面	应能承受所安装热水器的荷重
设置容积式燃气热水器的地面	应做防水层,近处应设地漏;地漏及连接的排水管道应能承受 90℃的热水
安装燃气热水器的地面和墙面	应采用不燃烧材料,当采用难燃烧材料时,应设防火隔热板
热水器的上部和下部	上部不应有明敷的电线、电器设备及易燃物,下部不应设置灶具等燃具

　　燃气热水器和燃气采暖热水炉的安全净距应符合下列要求：

　　1）与相邻灶具的水平净距不得小于 30cm；

　　2）上部不应有明敷的电线、电器设备及易燃物，下部不应设置灶具等燃具。

　　（3）燃气采暖热水炉

　　设置燃气采暖热水炉的房间除应符合表 5-32 规定外，尚应符合表 5-36 的要求：

燃气采暖热水炉的设计要求　　　　　　　表 5-36

设置条件	安装要求
卫生间	不得设置燃气采暖热水炉
设置在室外时	应选用室外型燃气采暖热水炉； 室外型燃气采暖热水炉的排气筒不得穿过室内
安装燃气采暖热水炉的房间净高	大于或等于 2.2m
安装燃气采暖热水炉的墙面或地面	应能承受所安装热水炉的荷重
设置容积式燃气采暖热水炉的地面	应做防水层，近处应设地漏； 地漏及连接的排水管道应能承受 90℃的热水
安装燃气采暖热水炉的地面和墙面	应采用不燃烧材料，当采用难燃烧材料时， 应设防火隔热板
敞开式供暖系统的膨胀管上	严禁设置阀门

5.2.2　燃气表选型及布置

1. 燃气表种类

居民户内主要采用膜式燃气表和超声波燃气表两种。

国内居民用户最早采用膜式燃气表，随着电子技术、信息技术和物联网技术的发展，膜式燃气表也由最先的纯机械式计量仪表逐渐进行改进，加装了带辅助功能的电子装置和远传装置，研发出了安全切断型物联网智能燃气表（简称 NB 表），实现燃气泄漏的安全切断功能与智能管理功能的有机结合，从而实现远程抄表、实时计费、欠量提醒、远程控阀、在线充值等功能，并对燃气泄漏进行实时监控，提高燃气公司对城市燃气智能化管理的能力。

近些年，国内燃气公司陆续推广应用超声波燃气表。超声波燃气表是一种利用超声波在介质中传递的时间差进行计量的新型全电子式计量仪表，由基表壳体、计量模组、阀门、电子控制器、通信模组组成，具有电子计量、温压补偿、远程抄表、远程控制、远程充值等功能。超声波在气体介质中顺流方向和逆流方向的时间差与气体的平均流速成正比。通过计算超声波的传播时间差与传播距离的关系得到气体流速，由流速与声道在燃气表管道截面积的乘积即可获得到气体的流量。超声波燃气表的工作原理如图 5-6 所示。

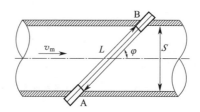

图 5-6　超声波燃气表的工作原理示意图

v_m—气体的速度；A、B—换能器；L—声道长度；φ—声道角；S—管道横截面面积

超声波燃气表不存在可移动部件，完全没有机械部件或其他运动部件，不存在机械磨损，具有寿命长、耐久性好的特点，兼具体积小、量程宽的优势。超声波燃气表属于速度式的计量仪表，在运行过程中，可以显示瞬时流量，监控管道内气体情况。超声波燃气表具有拆表检测功能，根据超声波在不同介质中的传播速度不同，超声波表可识别燃气-空气变化，识别异常拆表动作，记录拆表时间。同时也可检测出表内混入空气现象，及时上报表内情况并执行切断阀关闭，避免出现安全事故。智能远传超声波燃气表就是在超声波燃气表上附加远传功能，实际上就是将超声波燃气表计量数值以数据形式通过远传装置回传到燃气公司，以实现在不入户的情况下获取超声波燃气表的使用数据及状态，进而解决缴费及燃气表安全管理问题。

2. 燃气表选型

居民用户数量多，用气压力低，流量范围小，一般选用 G1.6（最大流量 $2.5Nm^3/h$）或 G2.5（最大流量 $4.0Nm^3/h$）规格的膜式燃气表或超声波燃气表进行计量。

居民用户燃气表可按燃气表类型和燃气表规格分类，按燃气表类型分类如表 5-37 所示；按燃气表规格分类如表 5-38 所示。

燃气表类型　　　　　　　　　　　　表 5-37

燃气表名称	体积修正	适用范围	执行规范	燃气表选择
普通膜式燃气表	无	户外集中挂表用户，便于抄表的室内	GB/T 6968	(1)经国家主管部门认可的检测机构检测合格的产品；
无线远传膜式燃气表	无	一般居民用户	CJ/T 503	(2)应考虑燃气的工作压力、温度、流量和允许的压力降(阻力损失)等条件；
IC 卡膜式燃气表	无	一般居民用户	CJ/T 112	(3)质量和选型应满足用户进出口压力及最大、最小流量的使用要求
超声波燃气表	无	一般居民用户	GB/T 39841	

燃气表规格　　　　　　　　　　　　表 5-38

燃气表规格	进出口管径	燃气表最大计量流量	适用用气设备	适用住宅类型
G1.6	DN15	$2.5Nm^3/h$	1 台家用燃气双眼灶＋1 台 16kW 以下的燃气热水器(相当于8L)	无燃气热水器或热水器能耗小于 16kW
G2.5	DN15	$4Nm^3/h$	1 台家用燃气双眼灶＋1 台(17～21)kW 的燃气热水器(相当于10L)	一般住宅用户
G4	DN15	$6Nm^3/h$	1 台家用燃气双眼灶＋1 台(21～35)kW 的燃气热水器或燃气壁挂炉	别墅用户、自供暖用户

3. 燃气表的设置

（1）燃气表位置设置应符合表 5-39 的要求。

燃气表位置设置　　　　　　　　表 5-39

燃气表位置	表箱	宜设置位置	严禁设置在下列位置
户外集中挂表	通风、防水表箱	建筑外墙厨房侧一层	（1）卧室、浴室、更衣室及卫生间内；有电源、电气开关及其他电器设备的管道井内； （2）有可能滞留泄漏燃气的隐蔽场所；环境温度高于 45℃ 的地方； （3）堆放易燃、易腐蚀或有放射性物质等危险的地方； （4）有变、配电等电器设备的地方；有明显振动的地方； （5）建筑物的避难层及安全疏散楼梯间；洗菜或洗手盆正下方等经常潮湿的地方
户内挂表	无表箱	通风良好的厨房或与非用气房间分隔的阳台上	
燃气表间	无表箱	通风良好的专用燃气表间	

一般要求：（1）燃气表宜明设；
（2）应尽量靠近水平支管入户处；
（3）燃气表控制阀应安装在与燃气表有关的控制设备前，并尽量接近燃气表入口；燃气表的环境温度，当使用人工煤气及天然气时，应高于 0℃

（2）室外集中燃气表箱的设置如表 5-40 所示。

室外集中燃气表箱的设置　　　　　　表 5-40

表箱	表箱规格	说明
单排	一位；二位；三位；四位；五位；六位；七位；八位	表箱材料应选择不锈钢材质或具有防火性能的复合材料； 室外集中挂表适用于不大于 12 层民用建筑； 表箱离建筑物非用气房间的门、窗及其他通向室内的孔槽净距不得小于 0.3m； 表箱底部离地面的垂直距离宜保持在 0.3～0.8m； 表箱应具有防水、排水和自然通风功能； 箱体应有"燃气设备""禁止烟火"及"抢修电话"等警示标识

5.2.3　高层建筑燃气管道设计

高层建筑燃气管道设计除按室内燃气管道的方法和程序外，还需要特别注意消除高层建筑燃气供应系统中燃气的附加压力和高层建筑内燃气因立管自重作用产生的压缩应力和自然力的影响。

1. 供气方式

建筑高度 90m 及以下的住宅建筑，宜采用一级调压的方式（中-低压）供应燃气；建筑高度大于 90m 的住宅建筑，宜加装低-低压调压器，采用二级调压（中低压-低低压）的方式供应燃气。

2. 消除附加压力

由于燃气与空气之间存在密度差，燃气在不同高差时所产生的附加压力，对高层建筑燃气燃烧会造成不完全燃烧、离焰、脱火等不利影响。因此，对高层或地形高差大的建筑，在计算低压燃气管道阻力损失时，要考虑消除因高程差而引起的燃气附加压力，使燃具前燃气压力不超过允许压力。燃气的附加压力可按式（5-17）计算：

$$\Delta H = 9.8 \times (\rho_k - \rho_m) \times h \tag{5-17}$$

式中　ΔH——燃气的附加压力，Pa；

ρ_k——空气的密度，Pa；

ρ_m——燃气的密度，Pa；

h——燃气管道终、起点的高程差，m。

为消除附加压力对供气的影响，还应采取以下措施：

（1）分开设置高层与低层供气系统；

（2）设用户调压器；

（3）采用低-低压调压器，分段消除附加压力；

（4）通过增设阀门、弯头等增加局部阻力。

3. 消除压缩应力、热应力和自然力作用的影响

高层建筑的燃气立管很长，自重较大，因而立管上产生的压缩应力也较大。在管道长度超过 1400m 时，因管道重量引起的压缩应力才会超过管材允许应力，故压缩应力对管材的破坏性可不予考虑。但需在立管底部设置支墩，以承受立管自重。

（1）消除热应力影响

管道工作温度与环境温度的差异会产生热应力，要采取相应措施予以补偿。热应力产生的推力，会对其作用的墙或楼板形成强大的破坏力，因此设计时应采取有效的支撑，并在管道中间安装吸收变形的挠性管或波纹补偿装置。管道补偿量按式（5-18）计算：

$$\Delta l = L \cdot \alpha \cdot \Delta t \tag{5-18}$$

式中　Δl——管道的补偿量，mm；

　　　L——两固定端间管道长度，mm；

　　　α——管材线膨胀系数，碳钢管为 $\alpha = 12 \times 10^{-3}$，mm/(℃·m)；

　　　Δt——管道安装时与运行中的最大温差，℃。

立管的补偿措施见 5.1.12 节。

（2）消除地震对管道水平位移的影响

现行国家标准《建筑抗震设计规范》GB 50011 要求高层建筑要按地震烈度 7 度以上设防。受地震影响时建筑物的层间相对水平位移量约为层高的 1/3000，其间的燃气立管的层间水平位移量约为建筑物层间水平位移量的 1.5 倍。

燃气管道允许层间位移量计算采用式（5-19）：

$$\sigma_{\mathrm{w}} = \frac{12E\delta l}{h^2} \tag{5-19}$$

式中　σ_{w}——弯曲应力，MPa；

　　　δ——楼层间相对水平位移量，mm；

　　　l——管道截面回转半径，$l = \dfrac{1}{4}\sqrt{D^2 + d^2}$，mm；

　　　h——层高。如管道支撑点不是每层设置时，h 为支撑点的间距。

按上式计算的不同管径管道允许层间相对水平位移量如表 5-41 所示。

管道允许层间相对水平位移量 表 5-41

管径 （mm）	$\phi300$	$\phi250$	$\phi200$	$\phi100$	DN150	DN100	DN80	DN50	DN40
外径 （mm）	325	273	219	159	165	114	88.5	60	48
内径 （mm）	309	257	207	150	154	106	80.5	53	41
允许位移 量（mm）	3.94	4.7	5.86	8.08	7.82	10.35	14.76	22.01	27.17

经理论计算和工程实践证明，由于高层建筑的允许层间相对水平位移小于管道的允许层间水平位移量，故高层建筑中燃气管道采取支撑和伸缩补偿措施后，地震对燃气管道的破坏作用可不考虑。

（3）消除风载对管道的影响

高层建筑受风载作用时会产生摆动，燃气立管也会随之摆动并产生水平位移和弯曲应力，从而导致管道疲劳或焊口出现裂缝。为降低因建筑物受风载的影响，除在燃气立管上设置补偿器外，在每根横向燃气支管设置波纹补偿器也很有必要。

高层建筑除采取上述措施外，为防止漏气造成火灾、爆炸事故，每户必须设置燃气泄漏自动报警并切断装置，保障用气安全。

5.2.4 安全装置

根据现行国家标准《燃气工程项目规范》GB 55009 要求，居民用户管道应设置安全装置，在管道压力低于限定值或连接灶具管道的流量高于限定值时能够切断向灶具的供气。国内常用的户内燃气安全产品包括智能燃气表、电磁式燃气紧急切断阀、家用燃气报警器、家用燃气自闭阀和机械式定时切断阀等。

1. 智能燃气表

智能燃气表内置紧急切断阀，同时具备异常大流量、异常微小流量、异常恒流等流量监测功能。接收到上述预设信号，即行自动切断处置，预防和减少燃气事故的发生。智能燃气表具有通过无线双向通信方式进行数据及信号传送的能力，具有与燃气泄漏报警器等外部感应装置的通信接口。

智能燃气表由基表、控制器和阀门组成。基表具有机械计量功能，通过计数器指示计量值。阀门由微电机驱动，控制燃气通道通断。控制器的功能单元包括主控单元、电子计量单元、通信单元、监视单元、阀控单元、时钟单元、存储单元、操作单元、电源单元和控制器外壳等。控制器是核心功能体，其各部分功能单元表述如下：

主控单元实现控制器所有功能单元的调度和控制。电子计量单元处理来自基表的机械计量信息。通信单元包括与远程管理服务平台的通信接口、与现场校准抄读装置的通信以及 IC 卡通信接口。与管理服务平台的通信接口技术采用 NB-IoT 模块、GPRS 模块、LoRa 模块；与现场校准抄读装置通信接口技术采用红外 IRDA 模块；IC 卡通信接口采用接触式或非接触式读写卡模块。监视单元包括报警器连接及其信号监视、流量信号监视、压力异常监视、外部磁干扰信号监视、开盖监视、按钮操作监视、IC 卡连接监视、液晶显示器、蜂鸣器、指示灯等。阀控单元处理来自主控单元的阀门指令，并向主控模块上报阀门当前状态信息。时钟单元主要处理时间计量事务，受主控单元控制进行时钟同步。存储单元主要处理主控模块已经处理的计量数据、存储计量和计费等贸易结算信息，存储表具的法制计量信息，存储监视单元的监视结果信息和临时缓存数据存储。操作单元处理按键操作、更换电池操作、卡连接操作等操作事务。

2. 电磁式燃气紧急切断阀

电磁式燃气紧急切断阀，是一种用电控制阀门自动关闭，只能手动复位的阀门。一般与燃气泄漏报警器等配合使用，共同组成燃气泄漏报警切断系统。电磁式燃气紧急切断阀，通常安装在表前阀后的管路上。当有燃气泄漏时，燃气泄漏报警器向电磁式燃气紧急切断阀发出关阀信号，阀门关闭，切断气源。

电磁式燃气紧急切断阀的控制信号按电压分有两种：不高于

DC24V 的安全特低电压（SELV）和 AC220V。家用电磁式燃气紧急切断阀主要使用低压直流的切断阀。电磁式燃气紧急切断阀结构主要由保护罩、电磁铁、阀杆、动铁芯、密封垫、阀体几部分组成，其结构如图 5-7 所示。

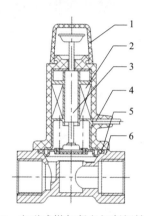

图 5-7 电磁式燃气紧急切断阀结构图

1—保护罩；2—电磁铁；3—阀杆及动铁芯；4—线缆；5—密封圈；6—阀体

现行国家标准《电磁式燃气紧急切断阀》GB 44016 界定了电磁燃气紧急切断阀的术语和定义，规定了分类和型号；材料和结构；要求，描述了相应的试验方法，并明确了检验规则；标志和使用说明书；包装、运输和贮存等要求。适用于最高工作压力不大于 0.4MPa、公称尺寸不大于 DN300，安装在输送介质为天然气、液化石油气（含液化石油气混空气）、人工煤气的燃气用户管道上的电磁式燃气紧急切断阀。

3. 家用燃气自闭阀

家用燃气自闭阀安装在低压燃气管路中，通过感应燃气管道内压力或流量并与预设压力或流量比较，超出设定值时自动关闭，并须人工复位的自力式阀门。通常自闭阀结构上可分为三类：皮膜式、塑料伞骨式和浮球式。皮膜式（图 5-8）功能较多，有高压自闭、低压自闭及过流自闭；伞骨式（图 5-9）和浮球式（图 5-10）仅有过流自闭功能。

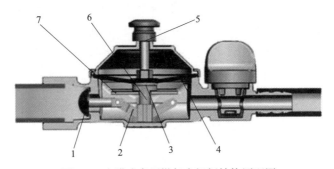

图 5-8　皮膜式家用燃气自闭阀结构原理图

1—阀口；2—连杆；3—磁铁；4—皮膜；5—上提杆；6—下提杆；7—复位钢片

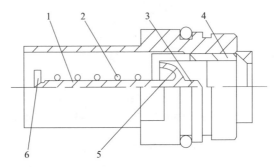

图 5-9　伞骨式装置结构原理图

1—阀杆；2—弹簧；3—前端凸起；4—支架；5—伞形骨架；6—挡片

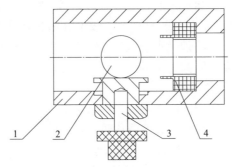

图 5-10　浮球式结构示意图

1—壳体；2—浮球；3—调节螺母；4—阀口

家用燃气自闭阀产品具有以下功能：

（1）低压自闭：当管道内燃气压力低于设定压力时，自闭阀自动关闭。低压自闭可以保证灶具不产生回火，以及防止因停气用户忘关灶具造成复气时灶具爆燃等事故的发生。仅皮膜式结构的自闭阀有此功能。

（2）高压自闭：当管道内燃气压力高于设定压力时，自闭阀自动关闭。高压自闭可防止灶具出现离焰、脱火而造成的燃气泄漏。仅皮膜式结构的自闭阀有此功能。

（3）过流自闭：当自闭阀后端流量高于设定流量时，自闭阀自动关闭。过流自闭可以消除因胶管脱落造成的泄漏隐患。三种结构自闭阀均有此功能，浮球式具有一定的可调范围，因此设定流量可以根据用户实际需求现场调节；其他结构自闭流量为定值，不可现场调节。

现行行业标准《管道燃气自闭阀》CJ/T 447 规定了管道燃气自闭阀的术语和定义；分类及型号；结构与材料；要求；试验方法；检验规则；标志、使用说明书、包装、运输和贮存。适用于城镇燃气，工作温度不超出 $-10\sim40℃$ 范围，安装在设计压力小于 10kPa 的户内燃气管道上，公称尺寸不大于 50mm 的管道燃气自闭阀。

4. 家用燃气报警器

家用燃气报警器是用于家庭的一种燃气安全产品。遇燃气泄漏时，家用燃气报警器可发出声光报警，或同时伴有数字显示，同时联动外部设备（如排风扇、紧急切断阀）。

（1）工作原理

家用燃气报警器的核心是气体传感器。气体传感器连接在平衡式电桥电路上，传感器对环境气体进行探测。当环境气体中含有一定浓度的可燃性气体时，传感器电阻发生变化，平衡电路失衡而产生信号，供燃气报警器后级线路处理。经过电子处理变成与浓度成比例的电压信号，经计算机处理输出各种控制信号。即当燃气浓度达到报警设定值时，燃气报警器发出声光报警信号，带切断装置报警器还会即时切断气源，从而有效避免各类燃气事故。

（2）分类

按安装方式不同：可分为壁挂式报警器和吸顶式报警器。

按检测气体不同：可分为单一式报警器和复合型报警器。单一式报警器只检测一种气体，包括人工煤气报警器、液化石油气报警器、天然气报警器、不完全燃烧报警器。复合式是指报警器可同时检测两种不同气体。

按工作方式不同：可分为独立型、联动型、联网型报警器。独立型报警器独立安装，外接 220V、24V 或 12V 电源，报警器独立工作，目前市场应用较多。联动型报警器由报警器与切断阀或排风扇等组成，当报警器检测到空气中可燃气体浓度达到设定的浓度时发出报警，并可以驱动电磁阀在报警的同时及时切断燃气通道，或者控制排风扇、抽油烟机强制排风，目前市场应用较多。

联网型报警器工作方式中，报警器在报警的同时自动切断电磁阀，并通过小区门禁系统或者其他消防报警系统将信号传送到小区监控中心。甚至可以通过小区短信平台将用户家里燃气泄漏报警信息发送到用户的手机上。

（3）报警器选用

家用报警器选用时要考虑具有消防产品认证标志、气体种类、安装方式、小区的智能化程度等因素。选择具有消防产品认证标志的产品是选择合格质量产品的基本保证；根据检测气体是否包含燃气泄漏以及一氧化碳确定选用单一式产品还是复合型产品；根据室内装饰特点确定选用顶部安装还是墙壁安装。

独立型报警器（单一式和复合型报警器），价格较低、安装简单，不需要布线，不需要拆改燃气管道，只需提供 220V 电源接口，适于老旧小区及低收入人群。

联动型报警器（报警切断装置），价格较高，且需要在燃气管道上安装切断阀或需要与排风扇、抽油烟机连接进行电气布线，一般适用于新建住宅小区和中等收入人群。

联网型报警器，智能化、网络化程度高，但报警器及相应报警系统造价高、调试难度大、管理复杂、运行维护成本高，一般适于新建的智能住宅小区及高收入人群。

（4）使用年限

现行行业标准《城镇燃气报警控制系统技术规程》CJJ/T 146 规定，自安装之日起，家用燃气报警器的使用寿命为 5 年。超期的报警器会产生误报、不报现象，不仅起不到安全防护作用，还会麻痹用户的安全意识，产生更大的安全隐患。安装满 5 年时应及时更新产品。

5. 机械式定时切断阀

机械式定时切断阀是一种可以设定关闭时间的户内阀门。其安装在管路末端经软管与灶具相连，作用是预先设定燃气供应时间，使燃气管路在规定时间切断，保证用户不使用燃具时进气阀保持关闭，做到"人走气停"。可以防止管路及燃器具在不使用时泄漏造成的安全隐患。居民用户的用气时段主要集中在晚上下班后，时长在 1h 以下。

机械式定时切断阀结构主要由定时机构和关断机构两部分组成，如图 5-11 所示。

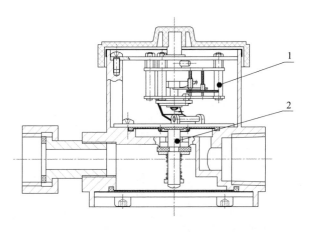

图 5-11　机械式定时切断阀结构图
1—定时机构；2—关断机构

目前，机械式定时切断阀无国标、行标及相关的管理政策，少数企业根据自身产品制定了企标。

6. 居民用户安全技术方案

安全技术方案应是由智能燃气表、电磁式燃气紧急切断阀、家用燃气报警器、家用燃气自闭阀和机械式定时切断阀等至少两种安全装置组成的一套燃气用户端本质安全型燃气供应系统。不同产品组合形成不同的安全技术方案，户内安全技术方案如表 5-42 所示。

户内安全技术方案 表 5-42

序号	方案组成	安全功能	操作便利性	备注
1	自闭阀＋报警器	不仅对燃气系统的欠压、过流进行安全保护，还能够在燃气泄漏浓度达到一定浓度后，发出声光报警，提醒用户采取措施	正常用气时无须人工干预，自闭阀发生切断需排除故障后进行人工复位	系统发生泄漏报警时需要及时进行人工处置
2	自闭阀＋报警器＋切断阀	不仅对燃气系统的欠压、过流进行安全保护，还能够在燃气泄漏浓度达到一定浓度后，发出声光报警，提醒用户采取措施，同时向切断阀发出信号，实现自动切断	正常用气时无须人工干预，自闭阀、切断阀发生切断，需排除故障后进行人工复位	
3	定时阀＋自闭阀＋报警器＋切断阀	燃气系统只在设定的时间段内使用；如果系统发生超压、欠压、过流等情况，自闭阀能够自动关闭；系统发生泄漏，报警器能够报警，同时向切断阀发出信号，实现自动切断	每次用气时需操作定时器设定用气时间。自闭阀和报警器正常用气期间无须人工操作。若自闭阀、切断阀关闭，需排除故障后进行人工复位	
4	定时阀＋报警器＋智能燃气表/智能泄漏检测系统	燃气系统只在设定的时间段内使用；系统发生泄漏达到报警浓度，报警器能够报警，智能表对户内用气状态进行实时监测，智能判断是否出现泄漏，可自动报警并上传数据	每次用气时需操作定时器设定用气时间。报警器和智能燃气表/远程监控系统正常用气期间无须人工操作	如果不安装切断阀，系统发生危险报警时无法自动切断燃气管路

续表

序号	方案组成	安全功能	操作便利性	备注
5	自闭阀＋报警器＋智能燃气表/智能泄漏检测系统	如果系统发生超压、欠压、过流等情况,自闭阀能够自动关闭;系统发生泄漏达到报警浓度,报警器能够报警,同时智能表对户内用气状态进行实时监测,智能判断是否出现泄漏,可自动报警并上传数据	自闭阀、报警器和智能燃气表/远程监控系统正常用气期间无须人工操作。若自闭阀关闭,需排除故障后进行人工复位	系统发生危险报警时无法自动切断燃气管路,须及时进行人工处置
6	报警器＋切断阀＋智能燃气表/智能泄漏检测系统	系统发生泄漏到报警浓度,报警器能够报警,同时向切断阀发出信号,实现自动切断,智能表对户内用气状态进行实时监测,智能判断是否出现泄漏,可自动报警、切断并上传数据	报警器和智能燃气表/远程监控系统正常用气期间无须人工操作。若自闭阀、切断阀关闭,需排除故障后进行人工复位	如果不安装切断阀,系统发生危险报警时无法自动切断燃气管路

5.2.5 通风及烟气排放

1. 用气房间的通风

用气厨房的通风面积要求如表5-43所示。

用气厨房的通风面积要求　　　　　表 5-43

	厨房	厨房外设置阳台时,阳台开口面积
直接自然通风开口面积	不应小于该房间地板面积的1/10,并不得小于 0.60m²	不应小于厨房和阳台地板面积总和的1/10,并不得小于 0.60m²

2. 燃具的烟气排放

(1) 燃具燃烧所产生的烟气必须排至室外,不得排入封闭的建筑物走廊、阳台等部位。各类型燃具的排烟要求如表 5-44 所示。

各类型燃具的排烟要求　　　　表 5-44

名称		分类内容	简称	排烟要求
半密闭式	自然排气式	燃烧时所需空气取自室内,用排气筒在自然抽力下将烟气排至室外	烟道式	采用具有防倒烟、防串烟和防漏烟结构的烟管排烟
	强制排气式	燃烧时所需空气取自室内,用排气筒在排气扇作用下强制将烟气排至室外	强排式	
密闭式	自然排气式	将给排气筒穿过墙壁伸到室外,利用自然抽力进行给排气	平衡式	采用给排气管排烟
	强制排气式	将给排气筒穿过墙壁接至室外,利用风扇强制进行给排气	强制平衡式	

(2) 燃具用排气管和给排气管的质量应符合现行行业标准《燃烧器具用不锈钢排气管》CJ/T 198 和《燃烧器具用给排气管》CJ/T 199 等标准的规定,各类燃具的排气管坡向要求如表 5-45 所示。

各类燃具的排气管坡向要求　　　　表 5-45

内容	坡向要求	备注
强制排气的排气管和给排气管的同轴管水平穿过外墙排放时	应坡向外墙,坡度应大于 0.3%,其外部管段有效长度大于或等于 50mm	(1)排气管和给排气管的吸气/排烟口应直接与大气相通。(2)燃具与排气管和给排气管连接时应保证良好的气密性,搭接长度不应小于 30mm。外面用耐热铝箔胶带密封好,防止废气漏出。(3)穿墙排气管和给排气管与墙的间隙处应采用耐热保温材料填充,并用密封件做密封防水处理
自然排气的排气管水平穿过外墙时	应有 1% 坡向燃具的坡度,并应有防倒烟装置	
冷凝式燃具	(1)排气管应坡向燃具,其同轴给排气管,室内部分应坡向燃具,室外部分应坡向室外;(2)同轴给排气管的内管(排气管)应坡向燃具,冷凝水流向燃具;同轴给排气管的外管(给气管)应坡向外墙,应防止雨水进入	

（3）穿外墙的烟道终端排气出口距地面的垂直净距不得小于0.3m。烟道终端排气出口应设置在烟气容易扩散的部位。穿外墙的烟道终端排气出口距门窗洞口的最小净距应符合表5-46的规定。

穿外墙的烟道终端排气出口距门窗洞口的最小净距(m) 表5-46

门窗洞口位置	密闭式燃具		半密闭式燃具	
	自然排烟	强制排烟	自然排烟	强制排烟
非居住房间	0.6	0.3	不允许	0.3
居住房间	1.5	1.2	不允许	1.2
下部机械进风口	1.2	0.9	不允许	0.9

注：下部机械进风口与上部燃具排气口水平净距大于或等于3m时，其垂直距离不限。

5.3 工商业用户燃气系统设计

5.3.1 用气及燃烧设备选型及布置

1. 用气设备选型

（1）商业用气设备宜采用低压燃气设备。

（2）商业用户中燃气锅炉和燃气直燃型吸收式冷（温）水机组的安全技术措施应符合下列要求：

1）燃烧器应是具有多种安全保护自动控制功能的机电一体化的燃具；

2）应有可靠的排烟设施和通风设施；

3）应设置火灾自动报警系统和自动灭火系统；

4）设置在地下室、半地下室或地上密闭房间时，应符合《城镇燃气设计规范（2020年版）》GB 50028—2006 第10.5.3条和第10.2.21条的规定。

（3）工业企业生产用气设备的燃烧器选择，应根据加热工艺要求、用气设备类型、燃气供给压力及附属设施的条件等因素，经技术经济比较后确定；工业企业生产用气设备的烟气余热宜加以利用。

（4）工业企业生产用气设备应有下列装置：

1）每台用气设备应有观察孔或火焰监测装置，并宜设置自动点火装置和熄火保护装置；

2）用气设备上应有热工检测仪表，加热工艺需要和条件允许时，应设置燃烧过程的自动调节装置。

2. 用气设备布置

商业用气设备应安装在通风良好的专用房间内，不得安装在易燃易爆物品的堆存处，亦不应设置在兼作卧室的警卫室、值班室、人防工程等处。

（1）商业用气设备的布置应符合下列要求：

1）用气设备之间及用气设备与对面墙之间的净距应满足操作和检修的要求；

2）用气设备与可燃或难燃的墙壁、地板和家具之间应采取有效的防火隔热措施。

（2）商业用气设备的安装应符合下列要求：

1）大锅灶和中餐炒菜灶应有排烟设施，大锅灶的炉膛或烟道处应设爆破门；

2）大型用气设备的泄爆装置，应符合现行国家标准《城镇燃气设计规范（2020年版）》GB 50028中工业企业生产用气设备燃烧装置安全设施的规定。

（3）商业用户中燃气锅炉和燃气直燃型吸收式冷（温）水机组的设置应符合下列要求：

1）宜设置在独立的专用房间内；

2）设置在建筑物内时，燃气锅炉房宜布置在建筑物的首层，不应布置在地下二层及地下二层以下；燃气常压锅炉和燃气直燃机可设置在地下二层；

3）燃气锅炉房和燃气直燃机不应设置在人员密集场所的上一层、下一层或贴邻的房间内及主要疏散口的两旁；不应与锅炉和燃气直燃机无关的甲类、乙类及使用可燃液体的丙类危险建筑贴邻；

4）燃气相对密度大于或等于 0.75 的燃气锅炉和燃气直燃机，不得设置在建筑物地下室和半地下室；

5）宜设置专用调压站或调压装置，燃气经调压后供应机组使用。

当需要将燃气应用设备设置在靠近车辆的通道处时，应设置护栏或车挡。

5.3.2 计量设备选型及系统设计

商业、工业企业用户燃气计量系统由燃气流量计量仪表、附加装置及配套计量管路组成，可以是单路或多路计量系统。燃气流量计量仪表包括流量基表和流量计量辅助仪表。流量基表包括膜式燃气表、超声波燃气表、涡轮流量计、腰轮流量计等。流量计量辅助仪表是以实现燃气流量计量的工况条件和标准参比条件间转换、能量转换为目的，所配置的温度、压力和组分测量仪器、计算装置及配套变送器等测量仪表的总称，包括温度变送器、压力变送器、体积修正仪、流量计算机等。附加装置是附加在流量基表上，实现某种特定功能的装置，包括 CPU 卡控制器和远程读表装置等。

1. 计量设备选型原则

商业、工业企业用户用气的计量系统中计量设备的选型可参照以下原则：

（1）当用气工作压力不大于 3kPa，用气设备最大耗气量小于 $50m^3/h$ 时，宜选用膜式燃气表或超声波燃气表；

（2）当用气工作压力不大于 3kPa，用气设备最大耗气量不小于 $50m^3/h$ 时，宜选用腰轮流量计。商业用气腰轮流量计公称尺寸不大于 $DN100$，供暖制冷用气腰轮流量计公称尺寸不大于 $DN150$；

（3）当工作压力大于 3kPa 且不大于 0.4MPa 时，商业用气宜选用公称尺寸不大于 $DN100$ 的腰轮流量计或公称尺寸不大于 $DN200$ 的涡轮流量计。供暖制冷用气宜选用公称尺寸不大于

$DN150$ 的腰轮流量计或公称尺寸不大于 $DN200$ 的涡轮流量计；

（4）当工作压力大于 0.4MPa 时，宜选用公称尺寸不大于 $DN300$ 的涡轮流量计。

2. 计量设备技术要求

（1）膜式燃气表

膜式燃气表应符合以下要求：

1）膜式燃气表应有封印和防止逆转的装置；

2）滑阀运动方式应采用单向旋转式或往复式。

（2）超声波燃气表

超声波燃气表的量程比应不低于 160∶1。

（3）腰轮流量计

腰轮流量计的量程比应满足下列要求：

1）公称尺寸不大于 $DN50$ 时，量程比应不低于 50∶1；

2）公称尺寸大于 $DN50$ 时，量程比应不低于 80∶1。

（4）涡轮流量计

涡轮流量计的量程比应满足下列要求：

1）公称尺寸不大于 $DN50$ 时，量程比应不低于 10∶1；

2）公称尺寸大于 $DN50$ 时，量程比应不低于 20∶1。

（5）体积修正仪

体积修正仪应符合以下要求：

1）体积修正仪应有压力、温度和压缩因子计算模块，具有对压力、温度和压缩因子修正的功能；

2）温度传感器量程范围应覆盖实际介质温度范围，其中 Pt100 铂电阻（或 Pt1000 铂电阻）应为四线制，其技术性能应符合现行行业标准《工业铂、铜热电阻检定规程》JJG 229 规定的 A 级；

3）压力传感器应通过隔离阀连接在流量基表表体或前直管段上；

4）压缩因子计算应符合现行国家标准《天然气压缩因子的计算 第 2 部分：用摩尔组成进行计算》GB/T 17747.2 或《天然气压

缩因子的计算 第3部分：用物性值进行计算》GB/T 17747.3 的要求；

5）体积修正仪输出信号应具备脉冲信号和 RS-485 通信数据以供选择；

6）室外安装的体积修正仪配备的内置电池工作温度范围应不小于−25～55℃。电池使用寿命应不低于3年。

（6）流量计算机

流量计算机应符合以下要求：

1）流量计算机应直接接收现场的流量、温度、压力等信号，并进行流量补偿计算；

2）应根据现行国家标准《天然气压缩因子的计算 第2部分：用摩尔组成进行计算》GB/T 17747.2 或《天然气压缩因子的计算 第3部分：用物性值进行计算》GB/T 17747.3，完成压缩因子计算、标准瞬时流量和累积流量的计算；

3）应能实现将有关信息通过 RS-232 或 RS-485 数据通信接口同时与中心站及便携设备进行通信。

（7）温度测量仪表

温度测量仪表应符合以下要求：

1）应采用智能型温度变送器作为计量系统温度补偿用仪表；

2）温度变送器应支持 HART 通信协议，并应有 4～20mA 模拟信号输出；

3）温度变送器应采用 Pt100 热电阻（或 Pt1000 热电阻）作为测温元件，Pt100 热电阻（或 Pt1000 热电阻）应为四线制；

4）Pt100 热电阻（或 Pt1000 热电阻）及其温度变送器的系统最大允许误差应为±0.2℃。

（8）压力测量仪表

压力测量仪表应符合以下要求：

1）压力补偿用仪表应采用智能型绝对压力变送器；

2）压力变送器应支持 HART 通信协议，并应有 4～20mA 模拟信号输出；

3）压力变送器最大允许误差应为±0.075％；

4）就地显示的压力测量仪表应采用弹簧管式压力表；

5）压力表的准确度等级不应低于1.6级。

3. 计量系统设计

（1）流量基表设置的位置

燃气计量系统接入管网的压力不大于0.4MPa时，宜在调压设备后设置流量基表，且宜采用单台用气设备单独计量方式；对模块炉宜采用分组计量方式。

燃气计量系统接入管网的压力大于0.4MPa时，宜在调压设备前设置流量基表，且应设置备用计量管路，并选择相同公称尺寸的流量基表作为备用。

（2）膜式燃气表和超声波燃气表应设计在水平管路上。燃气表典型计量系统示意图如图5-12所示。

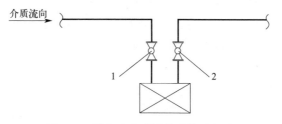

图 5-12　燃气表典型计量系统示意图
1—前球阀；2—后球阀

（3）腰轮流量计计量系统应符合以下要求：

1）腰轮流量计根据现场条件选择设计在垂直或水平管路上，垂直设计时气体应上进下出；

2）腰轮流量计上游应设置过滤器，过滤器法兰宜与流量基表法兰直接连接；腰轮流量计与过滤器应一对一配置，过滤器精度应不低于$50\mu m$；

3）每条腰轮流量计计量管路应设计安装一个上游全通径球阀和一个下游全通径球阀。

腰轮流量计典型计量系统示意图如图5-13所示。

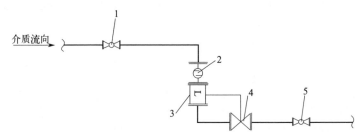

图 5-13　腰轮流量计典型计量系统示意图

1—前球阀；2—过滤器；3—腰轮流量计；4—控制器；5—后球阀

（4）涡轮流量计计量系统应符合以下要求：

1）涡轮流量计应设计在水平管路上，流量计上游的直管段前应设置过滤器，流量计与过滤器应一对一配置；中压及以下计量管路中过滤器精度应不低于 $50\mu m$，高压及次高压计量管路中过滤器精度应不低于 $20\mu m$；

2）涡轮流量计的上下游工艺管线应具有与流量基表相同公称尺寸的直管段，上游的直管段长度应不小于 $5D$，下游的直管段长度应不小于 $2D$；

3）温度变送器应设计在每条计量管路下游距流量基表法兰端面 $1D$ 处；

4）每条涡轮流量计计量管路应设计安装一个上游全通径球阀和一个下游全通径球阀。

涡轮流量计典型计量系统示意图如图 5-14 所示。

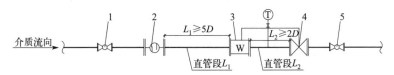

图 5-14　涡轮流量计典型计量系统示意图

1—前球阀；2—过滤器；3—涡轮流量计；4—控制器；5—后球阀

（5）流量计量辅助仪表的设置应符合以下要求：

1）工作压力大于 3kPa，且最大耗气量不大于 $5000m^3/h$ 的流量基表，应配置体积修正仪，体积修正仪与流量基表宜为分体式结构，其温度传感器、压力传感器结构应易于拆卸；

2）工作压力大于 3kPa，且最大耗气量大于 $5000m^3/h$ 的流量基表，宜配置流量计算机，流量计算机与流量基表应一对一配置。

（6）当计量管路工作压力不小于 0.1MPa 或公称尺寸不小于 $DN150$ 时宜设置手动放散装置。手动放散装置的设置应符合以下要求：

1）手动放散装置应设置在流量基表下游，涡轮流量计直管段后 $2D$ 范围外；

2）在设计压力小于 2.5MPa 的放散管路上应设置一个球阀；在设计压力不小于 2.5MPa 的放散管路上应顺气流方向设置一个球阀和一个截止阀；

3）公称尺寸小于 $DN150$ 的流量基表后放散阀通径应为 $DN15$；公称尺寸不小于 $DN150$ 的流量基表后放散阀通径应为 $DN20$；

（7）公称尺寸不小于 $DN150$ 的计量管路宜设置波纹补偿器。波纹补偿器的典型设置方式参见 5.1.12 节。

手动放散装置和波纹补偿器典型设置示意图如图 5-15 所示。

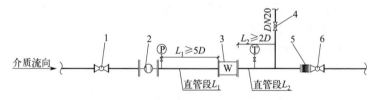

图 5-15　手动放散装置和波纹补偿器典型设置示意图
1—前球阀；2—过滤器；3—涡轮流量计；4—手动放散球阀；
5—波纹补偿器；6—后球阀

（8）燃气计量系统的防静电、防雷与接地设计应符合以下要求：

1）应符合现行国家标准《建筑物防雷设计规范》GB 50057 的要求；

2）仪表设备应做保护接地、工作接地、本安接地及防静电接地，仪表系统的接地电阻不应大于 4Ω；

3）流量计法兰连接处应做防静电跨接；

4）系统中露天设置的仪表设备应安装浪涌保护器，并应做接地；

5）燃气流量计量仪表线缆应在仪表间做屏蔽线的统一接地。

5.3.3 安全装置

商业、工业企业用户室内燃气安全装置主要有紧急自动切断阀、燃气泄漏报警设施、事故排风装置等。

1. 商业用户

公共建筑、商业用户应安装燃气泄漏检测报警装置。目前主要形式为集中燃气报警控制系统，部分小型商业也选择独立燃气报警控制系统。集中燃气报警控制系统由点型可燃气体探测器、可燃气体报警控制器、紧急切断阀等组成。

燃气泄漏检测报警装置应安装在燃气设备、管道较为集中的位置，如建筑物内燃气管道设备层、管道层、调压箱、集中燃气表间、设置燃气管道和用气设备的地下、半地下房间和重要公共建筑的用气场所。燃气泄漏检测报警装置在检测到燃气泄漏量达到设定值时，应能发出声光报警和连锁切断信号。

（1）燃气浓度检测报警器的设置应符合下列要求：

1）当检测比空气轻的燃气时，燃气浓度检测报警器与燃具或阀门的水平距离不得大于 8m，安装高度应距顶棚 0.3m 以内，且不得设在燃具上方；

2）当检测比空气重的燃气时，燃气浓度检测报警器与燃具或阀门的水平距离不得大于 4m，安装高度应距地面 0.3m 以内；

3）燃气浓度检测报警器宜与排风扇等排气设备连锁；

4）燃气浓度检测报警器宜集中管理监视；

5）燃气浓度检测报警器系统应有备用电源。

（2）商业用气设备设置在地下室、半地下室（液化石油气除外）或地上密闭房间内时，应符合下列要求：

1）燃气引入管应设手动快速切断阀和紧急自动切断阀，紧急自动切断阀停电时必须处于关闭状态（断电关闭）。

2）用气设备应有熄火保护装置。

3）用气房间应设置燃气浓度检测报警器，并由管理室集中监视和控制。

4）宜设烟气一氧化碳浓度检测报警器。

5）应设置独立的机械送排风系统。通风量应满足下列要求：①正常工作时，换气次数不应小于 $6h^{-1}$；事故通风时，换气次数不应小于 $12h^{-1}$；不工作时换气次数不应小于 $3h^{-1}$；②当燃烧所需的空气由室内取用时，应满足燃烧所需的空气量；③应满足排除房间热力设备散失的多余热量所需的空气量。

2. 工业用户

（1）燃气锅炉房、直燃机房和工业厂房必须设置下列安全设施：

1）如果用气房间层高大于 4m，应在燃气设备或管道上方至屋顶以下 0.3m 位置分两层设置燃气浓度检测报警器；

2）燃气引入管上设置手动快速切断阀和紧急自动切断阀；

3）锅炉房和直燃机房设置自然或机械通风设施和事故排风设施；

4）锅炉房和直燃机房燃气浓度检测报警器应与紧急自动切断阀和事故排风设备连锁；

5）燃气燃烧需要带压空气和氧气时，在燃气、空气或氧气的混气管路与燃烧器之间应设阻火器。

（2）工业企业生产用气设备燃烧装置的安全设施应符合下列要求：

1）燃气管道上应安装低压和超压报警以及紧急自动切断阀；

2）烟道和封闭式炉膛，均应设置泄爆装置，泄爆装置的泄压口应设在安全处；

　　3）鼓风机和空气管道应设静电接地装置，接地电阻不应大于100Ω；

　　4）用气设备的燃气总阀门与燃烧器阀门之间，应设置放散管。

　　（3）燃气燃烧需要带压空气和氧气时，应有防止空气和氧气回到燃气管路和回火的安全措施，并应符合下列要求：

　　1）燃气管路上应设背压式调压器，空气和氧气管路上应设泄压阀；

　　2）在燃气、空气或氧气的混气管路与燃烧器之间应设阻火器；混气管路的最高压力不应大于0.07MPa。

5.3.4　排烟

　　燃气燃烧所产生的烟气必须排出室外。设有直排式燃具的室内容积热负荷指标超过207W/m^{2}时，必须设置有效的排气装置将烟气排至室外。商业用户厨房中的燃具上方应设排气扇或排气罩。

　　（1）燃气用气设备的排烟设施应符合下列要求：

　　1）不得与使用固体燃料的设备共用一套排烟设施；

　　2）每台用气设备宜采用单独烟道，当多台设备合用一个总烟道时，应保证排烟时互不影响；

　　3）在容易积聚烟气的地方，应设置泄爆装置；

　　4）应设有防止倒风的装置；

　　5）从设备顶部排烟或设置排烟罩排烟时，其上部应有不小0.3m的垂直烟道方可接水平烟道；

　　6）有防倒风排烟罩的用气设备不得设置烟道闸板；无防倒风排烟罩的用气设备，在至总烟道的每个支管上应设置闸板，闸板上应有直径大于15mm的孔；

　　7）安装在低于0℃房间的金属烟道应采取保温措施。

　　（2）水平烟道的设置应符合下列要求：

　　1）商业用户用气设备的水平烟道长度不宜超过6m；

　　2）工业企业生产用气设备的水平烟道长度，应根据现场情况和烟囱抽力确定；

　　3）水平烟道应有大于或等于 0.01 坡向用气设备的坡度；

　　4）多台设备合用一个水平烟道时，应顺烟气流动方向设置导向装置；

　　5）用气设备的烟道距难燃或不燃顶棚或墙的净距不应小于 5cm；距燃烧材料的顶棚或墙的净距不应小于 25cm，当有防火保护时，其距离可适当减小。

　　（3）用气设备排烟设施的烟道抽力（余压）应符合下列要求：

　　1）热负荷 30kW 以下的用气设备，烟道的抽力（余压）不应小于 3Pa；

　　2）热负荷 30kW 以上的用气设备，烟道的抽力（余压）不应小于 10Pa；

　　3）工业企业生产用气时，工业炉窑的烟道抽力不应小于烟气系统总阻力的 1.2 倍。

　　（4）排气装置的出口位置应符合下列规定：

　　1）建筑物内半密闭自然排气式燃具的坚向烟囱出口应符合《城镇燃气设计规范（2020 年版）》GB 50028 第 10.7.7 条第 2 款的规定；

　　2）建筑物壁装的密闭式燃具的给排气口距上部窗口和下部地面的距离不得小于 0.3m；

　　3）建筑物壁装的半密闭强制排气式燃具的排气口距门窗洞口和地面的距离应符合下列要求：

　　① 排气口在窗的下部和门的侧部时，距相邻卧室的窗和门的距离不得小于 1.2m，距地面的距离不得小于 0.3m；

　　② 排气口在相邻卧室的窗的上部时，距窗的距离不得小于 0.3m；

　　③ 排气口在机械（强制）进风口的上部，且水平距离小于 3.0m 时，距机械进风口的垂直距离不得小于 0.9m。

第6章

液化石油气供应系统设计

　　液化石油气（LPG）作为石油天然气工业的副产品，来源广泛且稳定，可以作为居民、商业和工业用燃料。

　　在我国，液化石油气产品质量应符合现行国家标准《液化石油气》GB 11174 所规定的技术要求，其组分中（C_3＋C_4）烃类占 95% 以上。液化石油气一般采用液态储存和运输，气态使用。使用过程中，不能在大气温度下蒸发气化的称为残液，其主要是 C_5 及以上成分。

　　气源厂的液化石油气可以通过专用输送管道、陆路的铁路罐车、汽车槽车或水上槽船的运输方式，配送到城镇的液化石油气供应基地；进行储存及灌装后，采用钢瓶或槽车送往分散的供应站、气化站或混气站；向终端用户的供气有钢瓶和管道供应两种形式。液化石油气供应系统示意图如图 6-1 所示。

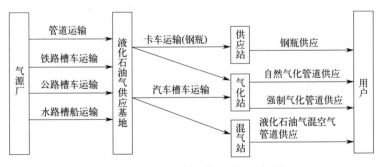

图 6-1　液化石油气供应系统示意图

液化石油气供应系统的设计应遵守现行国家标准《液化石油气供应工程设计规范》GB 51142 的相关规定；包括：液化石油气运输、液化石油气供应基地、液化石油气气化与混气站、液化石油气的用户供应等内容。

6.1　液化石油气运输

将液化石油气从气源厂（或生产厂）运送到液化石油气供应基地的运输方式主要有管道运输、铁路槽车运输、汽车槽车运输及水路槽船运输等。

在进行液化石油气供应系统方案设计时，要根据供应基地的规模、运输距离、交通条件等选择运输方式，并进行方案的技术经济比较。当条件接近时，应优先选择管道运输方式。城镇液化石油气系统还可同时采用两种以上输送方式，互为备用，以保障供应。

6.1.1　管道运输

液化石油气管道运输方式的特点是：运输量大，系统运行安全、可靠，运行费用低；但初投资较大（管道全线需一次建设完成），金属（管材）耗量大。管道运输方式适用于运输量大或运输量不大，但运输距离比较近时采用。

用管道运输液化石油气时，必须考虑液态液化石油气易于气化这一特点。在运输过程中，要求管道中任何一点的压力，都必须高于该温度下液化石油气的饱和蒸气压。否则，液化石油气会在局部气化，在管道中形成"气塞"，将大大降低管道的通过能力。

液化石油气管道输送系统一般由起点站（储罐、泵站、计量装置等）、中间泵站、终点站（储罐及储配站等）和输送管道等构成。如果输送距离较短，可以不设置中间泵站。图 6-2 所示为液化石油气管道运输系统。

1. 管道设计的一般原则

输送液化石油气的管道选线应本着安全可靠、经济合理的原

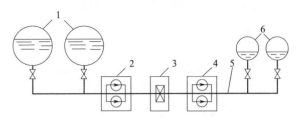

图 6-2　液化石油气管道运输系统
1—起点站储罐；2—起点泵站；3—计量站；
4—中间泵站；5—管道；6—终点站储罐

则。根据相关规范，液态液化石油气管道不得穿越居住区、村镇及公共建筑群等人员集中地区；管线的走向及位置应避开地形复杂、地质条件不利的地段；应避免或减少通过河流、湖泊、沼泽等大型障碍物；在布置管线的位置时，应使管线与建筑物、构筑物及相邻管道之间的距离满足国家规范规定的最小安全净距；当按照安全距离布置管线有困难时，需要采取相应的防护措施，并经有关部门批准后，可以适当降低要求；在保证安全可靠的前提下，管线长度应尽量短。

已有的交通条件对管线的施工和运行管理非常重要。管线靠近公路及其他道路要有利于施工的进行及有利于对管线的维护、保养。管线附近已有的供电条件等，可以为减少投资和运行费用提供可能。

输送液态液化石油气的管道宜采用埋地敷设，其埋设深度应在土壤冰冻线以下，管顶覆土厚度应以避免路面荷载对管道产生影响为准；在通过河流、湖泊、沼泽等障碍时，通常采用架空敷设方式。管线上应根据工艺要求及管道施工、安装及维修的需要设置阀门及必要的附属设备。

2. 管道的基本设计参数

（1）管道的设计压力

液态液化石油气在管道输送过程中，沿途任何一点的绝对压力应高于输送温度下的饱和蒸气压力。液态液化石油气管道的设计压力应高于管道系统起点的最高工作压力。管道系统起点的最高工作压力可按下式计算：

$$P_q = H + (P_s + P_a) \tag{6-1}$$

式中　P_q——管道系统起点的最高工作压力，MPa；

　　　H——选用泵的扬程，计算时换算成压力，MPa；

　　　P_s——始端储罐最高工作温度下的饱和蒸气压力，绝对压力，MPa；

　　　P_a——管道系统起点（始端储罐）的大气压力，MPa，可取 0.1MPa。

液化石油气输送管道设计压力（表压）一般分为三级，如表6-1所示。

液化石油气输送管道设计压力（表压）分级　　　表 6-1

管道级别	设计压力(MPa)	管道级别	设计压力(MPa)
Ⅰ级	P>4.0	Ⅲ级	P≤1.6
Ⅱ级	1.6<P≤4.0		

（2）管道设计流量

管道设计流量根据接收站的计算月平均日供应量和管道每日工作小时数，按式(6-2)计算。

$$Q_s = \frac{G_d}{3600\tau\rho_y} \tag{6-2}$$

式中　Q_s——管道设计流量，m^3/s；

　　　G_d——计算月平均日供应量，kg/d；

　　　τ——日工作小时数，h/d；

　　　ρ_y——液态液化石油气在平均输送温度下的密度，kg/m^3。平均输送温度可取管道中心埋深处最冷月的平均地温。

（3）管道内液化石油气的流速

应根据输送介质的性质及设计生产中的操作情况综合考虑确定。一般输送黏度比较大的介质时，管道的压力降较大。此时，应选择比较低的流速。反之，输送黏度较小的介质时，应选择较高的流速。

根据基本建设投资与常年运行费用等技术经济因素进行综合分析，液态液化石油气在管道中的经济流速取 0.8～1.4m/s 为宜。为确保液态液化石油气在管道内流动时所产生的静电有足够的时间导出，防止静电电荷积聚和电位升高，防止管道振动、噪声等现象，液态液化石油气的最大流速应不大于 3m/s。

（4）管道的管径

一般由下式确定：

$$d = \sqrt{\frac{4Q}{\pi v}} = \sqrt{\frac{4G}{\pi v \rho}} \tag{6-3}$$

式中　d——管道内径，mm；

$\quad\quad Q$——液化石油气体积流量，m^3/s；

$\quad\quad v$——管道内平均流速，m/s；

$\quad\quad G$——液化石油气重量流量，t/s；

$\quad\quad \rho$——液态液化石油气的密度，t/m^3。

3. 泵的基本参数确定

液化石油气利用管道输送时，一般采用多级离心泵加压。应根据离心泵在管路的设计工况及其可能的工况变化范围选择泵的型号；工作时，应使泵处于较高的效率范围内。泵的台数选择应适中：台数过少，则工况调节范围小；台数过多，则会增加管道、阀件及泵房的占地面积，管理也比较复杂。泵组一般每1～3台需备用1台。

泵的扬程应能够克服管道的能量损失。对于液化石油气管道，其压力降以沿程摩擦阻力损失为主，局部阻力占沿程摩擦阻力损失的 5%～10%。泵的扬程还应在管道计算压力降上附加一定的富余量，以保证输送到管道末端的液化石油气有足够的进罐压力。

泵的计算扬程可以用式（6-4）计算：

$$H_j = \Delta p_z + p_y + \Delta H \tag{6-4}$$

式中　H_j——泵的计算扬程（MPa）；

　　　Δp_z——管道总阻力损失，可取 1.05～1.10 倍的管道摩擦阻力损失，MPa；

　　　p_y——管道终点进罐余压，可取 0.2～0.3MPa；

　　　ΔH——管道起、终点高程差引起的附加压力，MPa。

选择液态液化石油气输送泵时，其扬程 H 应大于泵的计算扬程；同时，应保证管道沿途任何一点的压力必须高于其输送温度下的饱和蒸气压。

6.1.2　槽车运输

液化石油气铁路槽车和汽车槽车应选择符合现行国家标准《液化气体铁路罐车》GB/T 10478 和现行行业标准《液化石油气汽车槽车技术条件》HG/T 3143 规定质量要求的产品。

液化石油气槽车的配置数量根据接收站设计规模、运距、检修情况和槽车的几何容积等因素确定。对铁路槽车还要考虑运输过程中在铁路编组站的编组情况。槽车的配置数量，可按下式计算：

$$N = \frac{K_1 \cdot K_2 \cdot G_d \cdot \tau}{V \cdot \rho} \tag{6-5}$$

式中　N——铁路槽车配置数量，辆；

　　　K_1——运输不均匀系数，考虑供应和运输的不均匀性，单气源供气时，可取 1.2～1.3；多气源供气时，可取 1.1～1.2；

　　　K_2——考虑槽车检修系数，一般取 1.05～1.10；

　　　G_d——计算月平均日供气规模，t/d；

　　　V——槽车储罐的几何容积，m^3；

　　　ρ——单位容积的充装质量，可取 0.42t/m^3；

　　　τ——槽车往返一次所需时间，d。

1. 铁路槽车

液化石油气利用铁路运输时，一般使用火车槽车作为运输工具。火车槽车的装载量比较大，运输费用也比较低；与管道运输方式相比，较为灵活。但铁路运输的运行及调度管理都比管道运输和公路运输复杂，要受铁路接轨和铁路专用线建设及铁路总体调度等条件的限制。铁路运输方式适用于运输距离较远、运输量较大的情况。

我国常用的几种铁路槽车主要规格及技术性能列于表 6-2。它们的构造都基本相同，其中 HG60-2 型铁路槽车是在 HG60 型基础上改进的一种新型槽车，在装卸管上装设了紧急切断装置。

槽车采用"上装上卸"的装卸方式。全部装卸阀件及检测仪表均设置在人孔盖上，并用护罩保护。

为防止槽车在装卸过程中因管道破坏而造成事故，在装卸管上装设了紧急切断装置。该装置由紧急切断阀及液压控制系统组成。槽车装卸时，借助手摇泵使油路系统升压至 3MPa，打开紧急切断阀。装卸车完毕，利用手摇泵的卸压手柄使油路系统卸压，紧急切断阀关闭，随即将球阀关闭。

铁路槽车主要规格及技术性能　　表 6-2

项目		单位	型号及名称					
			HG50-20型铁路槽车	HG60型铁路槽车	HG60-2型铁路槽车	HG100/20型铁路槽车	DLH9型铁路槽车	HYG2型铁路槽车
总容积		m³	51.6	61.8	61.9	100	110	74
设计压力		MPa	2.0	2.2	2.2	2.0	2.0	1.8
适用温度		℃	≤50	−40~+50	+50	≤50	−40~+50	−40~+50
充装介质		—	液氨、液化石油气					液化石油气
最大尺寸	两车钩连接线间距	mm	11968	11992	11992	17754	17467	14268
	两端梁间长	mm				17000	16525	
	最大宽度	mm	2892	3120	3120	3200	3136	3240
	最大高度	mm	4762	4610	4610	4350	4704	4715

续表

项目		单位	型号及名称					
			HG50-20型铁路槽车	HG60型铁路槽车	HG60-2型铁路槽车	HG100/20型铁路槽车	DLH9型铁路槽车	HYG2型铁路槽车
罐体参数	内径	mm	2600	2800	2800	2600/3000	2800/3100	2800
	总长	mm	10608	10548	10552	16632	16225	—
	壁厚	mm	24	24(26)	24(26)	16	18	—
	材质	—	16MnR	16MnR	16MnR	15MnVN	15MnVN	16MnR
	结构特点	—	—	—	—	无底架鱼腹式	无底架鱼腹式	—
安全阀	直径(DN)×个数	—	50×2					
	开启压力	MPa	21.0	20.0～24.0	23.5	21.0	21.0	16.0
装卸管	液相:直径(DN)×个数	—	50×2	50×1	50×2	50×2	50×2	50×2
	气相:直径(DN)×个数	—	40×1	—	50×1	50×2	40×1	50×2
载重		t	52	50	50	52	50	—
自重		t	33.0	33.2	33.7	35.0	35.3	40.0
转向架中心距		mm	7300	7300	7300	13100	9800	9800
制造厂		—	锦西化工机械厂				大连机车车辆厂	哈尔滨车辆厂
备注			设有紧急切断装置,罐体整体热处理					

2. 汽车槽车

目前,我国使用的液化石油气汽车槽车多数是将卧式圆筒形储罐固定在汽车底盘上。罐体上有人孔、安全阀、液面指示计、梯子、平台、气相管、液相管等;罐体内部装有防波隔板。汽车上还装有供卸车用的液化石油气泵，泵靠汽车发动机带动。

在阀门箱里设有压力表、温度计以及液相管和气相管的阀门。为防止槽车在装卸过程中管道破坏造成事故，在管路系统上应安装紧急切断装置。

槽车防静电用的接地链，其上端与储罐和管道连接，下端自由下垂与地面接触。

汽车槽车应该采用防爆式电气装置，并应备有两个以上干粉灭火器。

槽车的装卸过程与铁路槽车基本相同，当管路系统发生事故时，可用手摇泵上的卸用阀或设在槽车尾部的卸压阀卸掉油路压力，将紧急切断阀关闭。

槽车的液位检测，采用旋转管式液面计。这种液面计与玻璃板液面计相比，计量准确、不易损坏，适于汽车槽车的液位计量。

6.1.3 槽船运输

在水路交通运输比较方便的地方，使用装有液化石油气储罐的槽船运送液化石油气，也是可选择的方案之一。目前使用的主要有常温压力式（也称全压力式）槽船和低温常压式（也称全冷冻式）槽船两类。

水路运输分为海运和河运两类。海运被广泛用于液化石油气的国际贸易中。用于海运的液化石油气槽船多为低温常压槽船，其容量可达数万吨。槽船运输技术成熟，设备及安全设施比较完善。用于近海及河运的液化石油气槽船一般为常温压力式槽船。这种槽船容量较小，多为数百吨或上千吨级。在符合适航条件时，发展液化石油气的河运或近海运输，可以降低液化石油气的运输成本。

6.2 液化石油气供应基地

液化石油气供应基地按其功能分为储存站、灌瓶站和储配站三类。

（1）储存站是指液化石油气储存基地，其主要功能是储存液化石油气，并将其转输给灌瓶站、气化站或混气站。

（2）灌瓶站的主要功能是进行灌装作业，即将液化石油气灌装到钢瓶内，送至钢瓶供应站或用户；也可灌装汽车槽车，并送至气化站、混气站或大型用户。

（3）储配站一般兼有储存站和灌瓶站的全部功能。

液化石油气供应基地是城镇公用设施的重要组成部分，应符合城镇总体规划和城镇燃气发展规划的要求。液化石油气供应基地的规模应按照城镇规划，根据供应用户的类别、数量及用气情况等因素综合确定。

6.2.1 液化石油气储配站的功能及工艺流程

1. LPG 储配站的功能

根据需要，液化石油气储配站一般可以完成接收、储存、灌装及残液回收等项任务。同时，为满足运行、管理的需要，储配站还应具有储罐之间的倒罐、储罐的升压、排污、投产与置换、残液处理及钢瓶检验、维修等功能。

（1）接收

接收是指将运输来的液化石油气送入（或卸入）储罐的工艺过程。当采用管道运输方式时，一般是利用管道末端的剩余压力，经过滤、计量后，将液化石油气送入储罐。当采用槽车或槽船运输时，应根据具体情况采用不同的方法将液化石油气卸入储罐。

（2）储存

储存是储配站的主要功能之一。应根据气源供应、运输方式及运距、用户用气情况等因素综合考虑，选择储存方式、储罐类型及数量等。液化石油气供应基地的储罐个数一般不应少于 2 个，以备检修或发生故障时，保障供气。

（3）灌装

灌装是指将液化石油气按规定的重量灌装到钢瓶、汽车槽车或铁路槽车中的工艺过程。一般城镇液化石油气储配站主要灌装钢瓶和汽车槽车。根据灌装量的大小可选择不同的灌装工艺及设备。

（4）残液回收

残液回收也是储配站的一项重要任务。为安全起见，液化石油气用户不得自行处理残液。在储配站，利用残液回收装置将残液集中收集，储存在残液中，可在站内作为燃料使用或集中外运做燃料或化工原料。

2. LPG 储配站工艺流程

储配站工艺流程因液化石油气的接收、储存、灌装及残液回收、分配方式的不同而有所差异。

图 6-3 所示为低温储存液化石油气储备站流程简图。

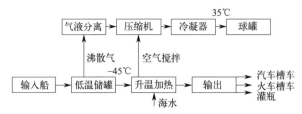

图 6-3　低温储存液化石油气储备站流程简图

6.2.2　液化石油气的装卸

储配站接收液化石油气或灌装槽车时可以采用不同的装卸方式，应根据需要和各种装卸方式的特点选择。大型储配站还可以采用两种以上的装卸方式联合工作。

1. 利用地形高程差所产生的静压差卸车

利用地形高程差卸车的原理图如图 6-4 所示。将准备卸车的铁路槽车停放在高处，储罐设置在低处。卸车时，将两者的液相和气相管道连接，在高程差足够的条件下，铁路槽车中的液化石油气即可流入储罐。

当铁路槽车和储罐的温度相同，高程差达到 15～20m 时，即可采用这种方式卸车。

利用地形高程差卸车的方式经济、简便，但受到地形条件的限制，卸车速度也比较慢。

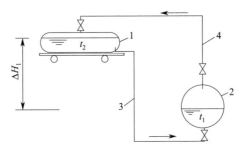

图 6-4　利用地形高程差卸车的原理图
1—火车槽车；2—固定储罐；3—液相管；4—气相管

2. 利用泵装卸

利用泵装卸车的工艺流程如图 6-5 所示。

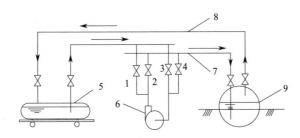

图 6-5　利用泵装卸车的工艺流程
1、2、3、4—阀门；5—槽车；6—泵；7—液相管；8—气相管；9—储罐

操作时，将槽车与储罐气液相管连接。在卸车时，打开阀门 2 和阀门 3，开启泵，车中的液态液化石油气在泵的作用下，经液相管进入储罐中；装车时，关闭阀门 2 和阀门 3，打开阀门 1 和阀门 4，在泵的作用下储罐中的液化石油气由储罐进入槽车。在装车或卸车过程中，气相管的阀门始终打开，以使两容器的气相空间压力平衡，加快装卸车的速度。

利用泵装卸液化石油气是一种比较简便的方式，它不受地形影响，装卸车速度比较快。采用这种方式时，应注意保证液相管道中任何一点的压力都不得低于相应温度下的液化石油气的饱和蒸气压,以防止吸入管内的液化石油气气化而形成"气塞",使泵空转。

3. 利用压缩机加压装卸

利用压缩机加压装卸车的工艺流程如图6-6所示操作时,也应先将槽车与储罐气液相管连接。在卸车时,打开阀门2和阀门3,开启压缩机,储罐中的气态液化石油气经压缩机加压,经气相管进入槽车中;槽车中的液态液化石油气在气相空间的压力下,经液相管流入储罐。当槽车内液化石油气卸完后,应关闭阀门2和阀门3,打开阀门1和阀门4,将槽车中的气态液化石油气抽出,压入储罐。装车时,关闭阀门2和阀门3,打开阀门1和阀门4,在压缩机的作用下,液化石油气由储罐进入槽车。

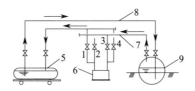

图6-6 利用压缩机加压装卸车的工艺流程

1、2、3、4—阀门;5—槽车;6—压缩机;7—液相管;8—气相管;9—储罐

利用压缩机装卸液化石油气是比较常用的方式。这种方式流程简单,能同时装、卸几辆槽车,并可将槽车完全倒空;但装卸车时耗电量比较大,操作、管理比较复杂。

此外,还有利用压缩气体或利用加热液化石油气进行装卸的,这些装卸方式过程复杂,需要使用惰性气体或热水、蒸汽等,在实际工程中很少采用。

6.2.3 液化石油气的储存

液化石油气的储存是液化石油气供应系统的一个重要环节。储存方式与储存规模应考虑多种因素综合确定。

1. 液化石油气的储存方法

(1) 按储存的液化石油气形态分

1）常温压力液态储存（全压力式储存）

利用液化石油气的特性，在常温下对气态液化石油气加压使其液化并储存称为常温压力液态储存；储气设施不需要保温。由于采用常温加压条件保持液化石油气的液体状态，所以用于运输、储存液化石油气的容器为压力容器，亦称全压力式储罐。

2）低温常压液态储存（全冷冻式储存）

利用液化石油气的特性，在常压下对气态液化石油气进行冷却使其液化、储存，称为低温常压液态储存。储气设施为常压，但为了维持液化石油气液体状态，储气设施需要保温，储罐称为全冷冻式储罐。一般运输液化石油气的槽船上常采用这种技术。

3）较低压力、较低温度储存（半冷冻式储存）

综合全压力式储存和全冷冻式储存两种方法的特点，在较低压力下将液化石油气降温、液化，采用较低压力、带保温的储存设施（半冷冻式储罐）进行储存和运输。

4）固态储存

将液化石油气制成固态块状储存在专门的设施中。固态液化石油气的携带和使用方便，适于登山、野营等。但这种技术难度大、费用高，一般只在特殊需要时采用。

（2）按空间相对位置分

1）地层岩穴储存

将液化石油气储存在天然或人工的地层结构中。这种储存方式具有储存量大、金属耗量及投资少等优势，但能否寻找到合适的储存地层是这一技术的关键。

2）地下金属罐储存

地下金属罐储存分为全压力式储存、全冷冻式储存和半冷冻式储存等。一般是将金属罐设置在钢筋混凝土槽中，储罐周围应填充干砂；主要在地面情况限制不适合设置地面储罐时采用。为保证安全，需在液化石油气储罐周围的干砂中设置燃气泄漏报警装置。

3）地上金属罐储存

地上金属罐储存一般采用固定或活动金属罐储存液化石油气。

这种储存方式具有结构简单、施工方便、储罐种类多、便于选择等优点。但地上储罐受气温影响较大，在气温较高的地区，夏季需要采取降温措施。在城镇液化石油气供应系统中，目前使用最多的是将液化石油气以全压力式储存在地上的固定金属罐中。近年来，部分企业采用了液化石油气全冷冻式储存装置。

2. 液化石油气储罐的一般设计参数

（1）储存天数与储存容积

液化石油气供应基地的储存天数主要取决于气源情况和气源厂到供应基地的运输方式等因素，如气源厂的个数、距离远近、运输时间长短、设备检修周期等。储罐的储存容积要由供气规模、储存天数决定。

储罐的储存容积可由下式计算：

$$V = \frac{nK \cdot G_d}{\rho_y \varphi_b} \qquad (6-6)$$

式中　V——总储存容积，m^3；

$\quad n$——储存天数，d；

$\quad K$——月高峰系数（推荐 $K=1.2\sim1.4$）；

$\quad G_d$——年平均日用气量，kg/d；

$\quad \rho_y$——储罐最高工作温度下的液化石油气密度，kg/m^3；

$\quad \varphi_b$——最高工作温度下储罐的允许充装率，一般取 0.9。

在正常情况下，液化石油气的运输周期或管道事故后的修复时间小于气源厂的检修时间。因此，一般按气源厂的个数和检修时间考虑储存天数即可。

（2）储罐的设计压力

液化石油气储罐的设计压力应按储罐最高工作温度下液化石油气的饱和蒸气压和一部分附加压力来考虑，即：

$$P = P_b + \Delta P \qquad (6-7)$$

式中　P——储罐设计压力，MPa；

$\quad P_b$——储罐最高工作温度下的饱和蒸气压，MPa；

$\quad \Delta P$——附加压力，MPa。

当储罐上不设置冷却水喷淋装置时，其最高工作温度可按当地的极端最高气温选取；当储罐上设置冷却水喷淋装置、可在夏季高温时采用喷淋水降温时，其最高工作温度可取 40℃。

附加压力一般包括压缩机或泵工作时加给储罐的压力及管道输送的液化石油气进入储罐时的剩余压力。

（3）储罐的容积充满度（也称允许充装率）

液态液化石油气的容积膨胀系数较大，随着温度的升高，液态液化石油气的容积会膨胀。在任一温度下，储罐或钢瓶允许的最大灌装容积是指当液化石油气的温度达到最高工作温度时，其液相体积的膨胀恰好充满整个储罐或钢瓶。如果过量灌装，液态液化石油气体积膨胀产生的压力可能破坏容器，因此，过量灌装非常危险。

任一温度下，灌装储罐或钢瓶时，最大灌装容积 V 与储罐或钢瓶的几何容积 V_0 的比值称为该温度下储罐或钢瓶的容积充满度 K。

$$K = \frac{V}{V_0} \times 100\% \tag{6-8}$$

式中　K——储罐的容积充满度，%；

　　　V——灌装温度下液化石油气的最大灌装容积，m^3；

　　　V_0——储罐或钢瓶的几何容积，m^3。

假设当液化石油气的工作温度升高，达到最高工作温度 T 时，其液相体积膨胀，恰好充满整个储罐或钢瓶，则任一灌装温度下储罐的容积充满度 K 还可用下式表示：

$$K = \frac{V}{V_0} \times 100\% = \frac{G \cdot \rho_y}{G \cdot \rho} \times 100\% = \frac{\rho_y}{\rho} \times 100\% \tag{6-9}$$

式中　G——灌装温度下液化石油气的最大灌装重量，kg；

　　　ρ——灌装温度下的液化石油气密度，kg/m^3；

　　　ρ_y——最高工作温度下的液化石油气密度，kg/m^3。

任一灌装温度下储罐的最大灌装容积 V 为：

$$V = KV_0 = \frac{G}{\rho} = \frac{\rho_y}{\rho} V_0 \tag{6-10}$$

任一灌装温度下储罐的最大灌装重量 G 为：

$$G = \rho K V_0 = \rho_y V_0 \tag{6-11}$$

显然，储罐或钢瓶的充满度与液化石油气的组分、灌装温度和储罐的最高工作温度有关。

在储罐及钢瓶的灌装过程中，考虑操作及制造中的各种误差，一般只允许灌装最大允许灌装重量 G 的 0.9 倍，即允许灌装重量为：

$$G' = 0.9\rho_y V_0 = \omega V_0 \tag{6-12}$$

式中　G'——灌装温度下液化石油气的允许灌装重量，kg；

　　　ω——灌装系数。

储罐或钢瓶的超量灌装可能会在其运输和使用过程中发生危险，必须对储罐或钢瓶的灌装量严加控制。

6.2.4　液化石油气灌装工艺

将液化石油气按规定的重量灌装到钢瓶中的工艺过程称为灌装。钢瓶的灌装工艺一般包括空、实瓶搬运；空瓶分拣处理；灌装及实瓶分拣处理等环节。根据灌装规模和机械化程度不同，各环节的内容和繁简程度也不相同。

1. 按灌装原理分

（1）重量灌装

重量灌装是指靠控制灌装重量来控制储罐及钢瓶的容积充满度的灌装方法。

（2）容积灌装

容积灌装是指靠控制灌装容积来控制储罐及钢瓶的容积充满度的灌装方法。

2. 按机械化、自动化程度分

（1）手工灌装

手工灌装方式一般适用于日灌装量较小、异形瓶较多时。手工灌装过程中，全部手动操作，工人劳动强度大，灌装精度差，液化石油气泄漏损失比较大，有时作为灌瓶站的备用灌装方式。手工灌装工艺流程框图如图 6-7 所示。

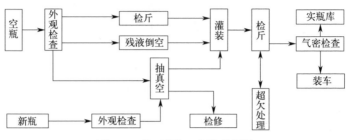

图 6-7　手工灌装工艺流程框图

（2）半机械化、半自动化灌装

半机械化、半自动化灌装是指在手工灌装方式中加入了自动停止灌装的装置。这种方法与手工灌装相比，可以比较精准地控制灌装量，提高灌装精度，减少过量灌装的可能和液化石油气的泄漏。

（3）机械化、自动化灌装

机械化、自动化灌装是指灌装及钢瓶运送、停止灌装等均自动完成的灌装方法。当日灌装量较大时，一般采用机械化、自动化灌装方式，使用机械化灌装转盘进行操作。机械化、自动化灌装工艺流程框图如图 6-8 所示。

灌装钢瓶是储配站的主要生产活动。目前常用的是用烃泵灌装、用压缩机灌装或泵与压缩机联合工作三类灌装方式。

汽车槽车的灌装是在专门的汽车槽车装卸台（或灌装柱）上进行。汽车槽车的装卸台应设置罩棚，罩棚的高度应比汽车槽车高度高 0.5m；罩棚通常采用钢筋混凝土结构；每个装卸台一般设置两组装卸柱，当装卸量较大时，可设置两个汽车车装柱。

液化石油气的灌装工艺成熟，技术设备国产化程度高，规格全，便于选择使用。

6.2.5　残液回收

残液是指液化石油气中 C_5 以上碳氢化合物，它们在使用过程中一般不能自然气化。从用户运回的钢瓶中，会有一定量的残液，

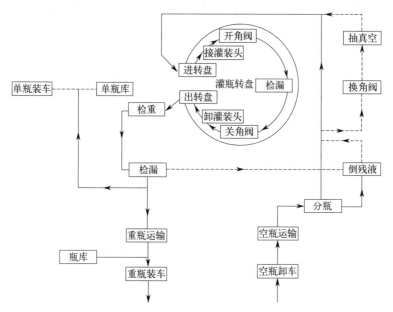

图 6-8   机械化、自动化灌装工艺流程框图

待检修和报废的钢瓶中也会有液化石油气或残液，这些液化石油气或残液需要从钢瓶中倒出来。因此，液化石油气储配站应设置残液倒空回收系统。根据要倒空和回收的残液量多少，可以选择人工或机械倒空方式。

图 6-9 所示为正压法残液人工倒空回收系统工艺流程。倒空时，先启动压缩机，将残液罐中的气相液化石油气抽出，加压送入钢瓶。再将倒空用的连接嘴连接到钢瓶角阀上，开启钢瓶角阀和阀门 1，使钢瓶与储罐气相连通，钢瓶内气相压力升高。然后关闭阀门 1，打开阀门 2，并将钢瓶倒置，残液由钢瓶排出至残液罐。当残液排空后，关闭阀门 2 及钢瓶角阀，将钢瓶翻转立正，取下连接嘴，残液倒空过程结束。

残液倒空回收还可以采用抽真空法和引射器法等。

残液罐的储存容积一般按 5～10d 的残液回收量计算，并应符合液化石油气储罐的设计要求。

储配站回收的残液可在站内使用（用作残液锅炉的燃料）或集中外运销售（用作化工原料）。

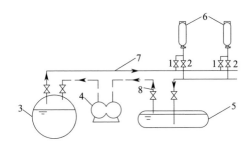

图 6-9　正压法残液人工倒空回收系统工艺流程
1、2—阀门；3—储罐；4—压缩机；5—残液罐；6—钢瓶；
7—液相管；8—气相管

6.2.6　液化石油气储配站选址与平面布置

液化石油气储配站站址应选择在所在地区全年最小频率风向的上风侧，远离居住区、村镇、学校、工业区和影剧院、体育馆等人员集中的地区；地势应平坦、开阔，不易积存液化石油气，以减少事故隐患和危害；同时，应避开地震带、地基沉陷、废弃矿井及不良地质地带。

液化石油气储配站在节约用地、保证安全间距的前提下，必须分区布置，以便于安全管理和生产运行。液化石油气供应基地一般包括生产区、生活辅助区。生产区包括储罐区、灌装区；生活辅助区包括生产及生活管理、维修及材料区、动力供应系统等。

液化石油气储配站的四周和生产区与生活辅助区之间应设置不低于 2m 的不燃烧实体围墙。生产区与生活辅助区至少应各设置 1 个单独的对外出入口，出入口宽度不应小于 4m。

生产区宜布置在站区全年最小频率风向的上风侧或上侧风侧，选择通风良好的地段。生产区严禁设置地下、半地下建、构筑物，以防止液化石油气积存；生产区内的地下管（缆）沟必须填满干砂。

储罐或罐区周围应设置高度为1m的实体围墙作为防液堤，并与周围的建（构）筑物、堆场等保证必要的防火间距。

灌装区钢瓶装卸台前及汽车槽车装卸柱前，应留有较宽敞的汽车回车场地；灌瓶间与瓶库房内储存的实瓶量应有所控制，一般储存计算月1～2d的平均日灌瓶量即可保证连续供气。

生活辅助区的布置应在满足安全、防火要求的前提下，以方便生产管理和职工生活为主。图6-10所示为某储配站平面图。

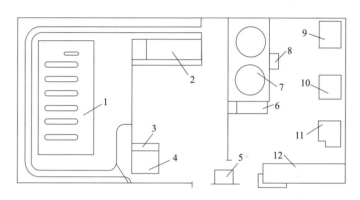

图 6-10　某储配站平面图

1—储罐区；2—灌瓶间、压缩机房；3—汽车槽车装卸台；4—汽车槽车库；
5—门卫室；6—修理间、空压机房钢瓶；7—消防水池；8—消防泵房；
9—锅炉房；10—变、配电间；11—汽车库；12—综合楼

6.2.7　液化石油气储配站设备选型

LPG储配站主要设备有LPG储罐、烃泵、压缩机、装卸臂、自动灌装秤。

1. LPG储罐

（1）一般单台罐容积小于或等于200m³，其中较为常见的储罐容积有：20m³、30m³、50m³、60m³、100m³、150m³、200m³。

（2）LPG储罐主要技术参数如表6-3所示。

LPG 储罐主要参数表　　　　　　　　　　　表 6-3

项目	参数
充装率	0.9
容器类别	Ⅲ类
安装方式	卧式(地上/地下)
最高工作压力	1.6MPa
设计压力	1.77MPa
设计温度	−20～+50℃(南方)/−40～+50℃(北方)
材料	Q345R(南方)/Q345DR(北方)
其他技术要求	(1)卧式独立安装;储罐的根部阀门、安全放散阀、压力表、温度计、液位计等采用优质品牌,由厂家配套提供; (2)罐体Ⅵ标示应符合中国燃气 VIS 手册相关要求
设计、制造、检验及验收标准	(1)《压力容器[合订本]》GB/T 150.1~GB/T 150.4—2024; (2)《固定式压力容器安全技术监察规程》TSG 21—2016; (3)其他相关国家规范、行业标准

2. 烃泵

(1) LPG 储配站烃泵的选用应根据罐装量合理确定烃泵规模及台数;

(2) LPG 烃泵主要参数表如表 6-4 所示。

LPG 烃泵主要参数表　　　　　　　　　　　表 6-4

项目	参数
进口压力	≤1.0MPa
进出口压差	0.5MPa
其他要求	具有现场手动、自动停止功能;同时具有事故紧急切断功能,复位只能采用手动方式

3. 压缩机

(1) LPG 储配站压缩机一般用于槽车卸液,常用规模 1.5m³/min。

(2) 液化石油气压缩机主要参数表如表 6-5 所示。

液化石油气压缩机主要参数表　　　　表 6-5

项目	参数
额定排气压力	≤2.4MPa
额定吸气压力	≤1.6MPa
进出口通径(mm)	DN50
其他要求	具有现场手动、自动停止功能;同时具有事故紧急切断功能,复位只能采用手动方式

4. 装卸臂

LPG 装卸臂设计压力 2.5MPa，要求配备与槽车配套的快装接头，配拉断阀，拉断力为 800～1400N。

5. 自动灌装秤

LPG 自动灌装秤准确度：三级；最小称量：2kg；最大称量：120kg；防爆等级不低于 Ex d II BT4。

6.3　液化石油气气化与混合

6.3.1　概述

通过液化石油气罐壁湿周传热使液化石油气自然气化，其传热系数是很小的，只有 38kJ/(m^2·h·K) 或 9.1kcal/(m^2·h·K)，气化能力小。采用气化器将液态液化石油气进行间接加热，则每蒸发 1kg 的液态液化石油气约需 418kJ（或 100kcal）的热量，其传热系数可达 837 ～ 1674kJ/(m^2·h·K) 或 200 ～ 400kcal/(m^2·h·K)，这样强制气化的结果可以提高气化能力。

以液化石油气为原料，经气化器气化成气态后，用管道输送给用户作燃料，可分为气态液化石油气供应和液化石油气-空气混合气供应。由于多组分（或沸点高的单一组分）液化石油气，在气化器用热媒强制气化后，向用户气态输送过程中，高沸点组分容易在管道节流处或降温时冷凝，所以在气化站生产气态液化石油气，其输送及应用范围均受到限制。在考虑燃气互换性和爆炸极限的基础上，将由气化器气化的液化石油气气体掺混空气，虽然其热值降低了，但送出混气站后的混合气在输送压力和温度下不会发生冷凝现象，这就保证了混合气的露点低于环境温度。这种混合气可全天候供应，并且热值的调整可适应燃烧设备的性能，既灵活又实用。

6.3.2 液化石油气的气化方式

根据液化石油气的气化原理及特点，液化石油气的气化过程可分为自然气化和强制气化两类。

1. 自然气化

液化石油气自然气化是指液态液化石油气吸收自身的显热和通过容器壁吸收周围介质的热量而进行气化的过程，自然气化示意图如图 6-11 所示。

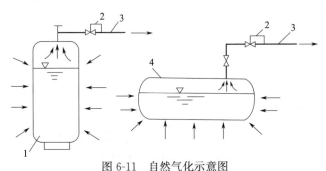

图 6-11　自然气化示意图

1—钢瓶；2—调压器；3—气相管道；4—储罐

当装有液化石油气的容器放置在某一环境中，且尚未从容器中导出气体时，容器中液体的温度与外界环境温度相同，容器内气相压力为该温度下液化石油气的饱和蒸气压。当从容器中导出气态液化石油气时，容器内气相压力下降，液态液化石油气为保持原有的平衡状态而不断气化：液态液化石油气吸收自身的显热而气化，液相温度随之降低，并与周围环境温度产生温差；该温差使周围环境与容器中的液态液化石油气沿容器壁的湿表面产生热传递（气相空间部分导热量相对较小)，这部分热量使液态液化石油气的气化得以继续。

容器自然气化能力的大小受液温、压力、液化石油气液量及组分的影响。对不同容积的容器，其最大气化能力应在不同工况及环境温度等条件下实验测定。在缺乏实测资料时，可借鉴已有的经验数据，根据实际使用情况加以修正。

自然气化过程的特点是：

(1) 气化过程中有组分的变化。液化石油气多为两种或两种以上成分组成的混合物，在自然气化过程中，液相组分中低沸点的组分容易气化，将先行导出；在余下的液相组分中，高沸点组分所占比例越来越大。因此，在自然气化过程中，导出的气态液化石油气组分和容器中剩余的液态液化石油气组分都是变化的。

(2) 具有一定的气化能力适应性。在自然气化过程中，容器中的液态液化石油气的气化能力，在一定范围内，可以随用气量的变化而变化。通过实验，可以看到：当导出的气态液化石油气量大时，自然气化过程加快；当导出的气体量减少或不再导出时，容器内的气化过程减慢或停止。

(3) 自然气化过程中主要依靠传热获得气化潜热，因此，容器中液化石油气的液温一般低于环境温度，气化出的气态液化石油气在环境温度下处于过热状态。加之自然气化过程一般气化量比较小、输送距离比较短。所以，自然气化方式不必考虑再液化问题。

2. 强制气化

强制气化是指人为地加热从容器中引出的液态液化石油气使其气化的方法。气化是在专门的气化装置（气化器）中进行的。加热液化石油气的热媒通常使用热水或蒸汽，也可采用电加热或火焰加热方式。图 6-12 所示为气化器结构示意图。

(1) 强制气化过程的特点

1) 气化过程中没有组分的变化。由于气化过程采用液相导出强制气化，所以气化后的气态液化石油气组分与液态液化石油气组分相同。气化过程中，气态液化石油气组分及热值稳定。

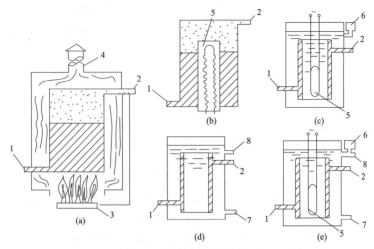

图 6-12　气化器结构示意图

(a) 直接火焰加热式；(b) 电加热式；(c) 电加热式（热水中间介质）；
(d) 热水加热式；(e) 电加热或热水加热两用式；
1—液相入口；2—气相出口；3—燃烧器；4—烟道；
5—电加热元件；6—热水中间介质液位计；7—热水进口；8—热水出口

2）气化能力大。强制气化可以在较小的气化装置内产生大量的气态液化石油气，但需要消耗外界能源（如电、热能及液化石油气等）。

3）有再液化问题。液化石油气气化后如果仍以气化时的压力输送，当输送距离较远时，气态液化石油气可能再液化。因此，一般要以过热状态输送或降低输送压力。

（2）强制气化的主要方式

1）自压气化

图 6-13 所示为自压气化过程示意图。自压气化是利用储罐内液化石油气自身的压力，将液态液化石油气经液相管 4 送入气化器 2，使其在与储罐相同的压力下气化。气化后的气态液化石油气进入气相管 5，由调压器 3 调节到管道要求的压力，输送给用户使用。当用户用气量减少或停止用气时，气化出的气态液化石油气经

气相旁通管 6，部分或全部流回储罐。

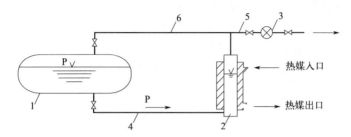

图 6-13　自压气化过程示意图

1—储罐；2—气化器；3—调压器；4—液相管；5—气相管；6—气相旁通管

2）加压气化

加压气化过程示意图如图 6-14 所示，用泵将储罐中的液态液化石油气抽出，加压后送入气化器 2，气化后的气态液化石油气进入气相管 7，由调压器 3 调节到管道要求的压力，输送给用户使用。当用户用气量减少或停止用气时，气化器导出的气态液化石油气减少或不导出。气化器内气相空间的压力上升，将送入气化器的部分或全部液态液化石油气压回进口液相管 6 和过流阀 5，经旁通回流管 8 流回储罐。气化器内液面下降，液体与气化器壁的传热面积减小，气化速度减慢。加压气化装置的气化量可以随用气量的大小而改变。

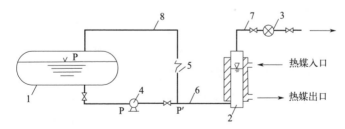

图 6-14　加压气化过程示意图

1—储罐；2—气化器；3—调压器；4—泵；5—过流阀；6—液相管；

7—气相管；8—旁通回流管

3）减压强制气化

减压强制气化是液化石油气利用自身的压力从储罐经管道、减压阀进入气化器，产生的气体经调压器送至用户。减压强制气化又可分为减压常温强制气化和减压加热强制气化两种。减压常温强制气化原理如图 6-15 所示。液态液化石油气经减压节流后，依靠自身显热和吸引外界环境热而气化。减压加热强制气化原理如图 6-16 所示，减压后的液化石油气依靠人工热源加热气化。

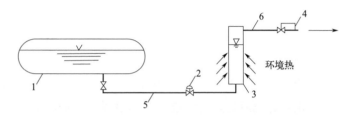

图 6-15　减压常温强制气化原理

1—储罐；2—减压阀；3—气化器；4—调压器；5—液相管；6—气相管

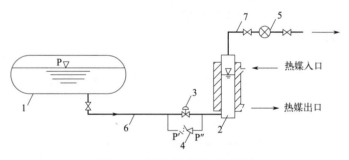

图 6-16　减压加热强制气化原理

1—储罐；2—气化器；3—减压阀；4—回流阀；5—调压器；6—液相管；7—气相管

与加压强制气化的气化器一样，减压强制气化的气化器也有自调节特性，为防气化器超压，也应在气化器前与减压阀并联一个回流阀。

综上所述，液相导出强制气化方式有适应液化石油气用量大小的气化能力自调节特性。当系统运行时，气化器内的气体压力与进入气化器的液体压力大致保持相等。

（3）液化石油气管道供气无凝动态分析

在考虑 LPG 管道集中供气方案时，一个重要问题是：已经气化了的气态 LPG 气会不会在输送的管道系统中重新液化，即是否存在结露的可能性，无凝结是气态 LPG 输配的先决条件。

根据所输送的液化气组成，按照设计的压力条件计算出露点，将其与管道的环境温进行比较。这种计算属于静态计算，即液化气的温度和压力参数是给定在一个状态上。但是在实际的管道集中供气系统中，压力、温度参数是变化的。一方面气态 LPG 沿管道流动时有水力损失，因而压力逐渐降低，气体露点也是随之变化的。同时由于燃气与管道有热交换、气态 LPG 的温度随着流动而发生改变。管道温度不仅是作露点比较的对象，同时要被考虑成实际使气态液化石油气温度和压力发生变化的一种外部条件。对这种气态 LPG 输送中温度和压力变化的过程和管道的传热影响，需进行综合因素的动态分析。

$$t = t_a + \Delta t\, e^{-Kx} \tag{6-13}$$

$$\Delta t = t_{st} - t_a \tag{6-14}$$

$$P = \sqrt{P_{st}^2 - 2\Phi\left[(t_a+273)x + \frac{\Delta t}{K}(e^{-Kx}-1)\right] \times 10^{-12}} \tag{6-15}$$

$$t_d = 55\left\{\sqrt{\left[P_{st}^2 - 2\Phi\left[(t_a+273)x + \frac{\Delta t}{K}(e^{-Kx}-1)\right] \times 10^{-12}\right]^{\frac{1}{2}} \times \sum \frac{y_i}{a_i}} - 1\right\} \tag{6-16}$$

$$\Phi = \lambda\frac{8m^2R}{D^5\pi^2} \tag{6-17}$$

$$K = \frac{\pi D k}{mc} \tag{6-18}$$

式中　D——管径，m；

c——气态液化气定压比热，J/(kg·K)；

t——气态液化气温度，℃；

P——气态 LPG 压力，MPa；

k——通过管壁的传热系数，$W/(m^2 \cdot K)$；

t_a——管道外侧环境温度，℃；

t_{st}——气态 LPG 起点温度，℃；

P_{st}——起点压力，MPa；

a_i——系数；

y_i——LPG 第 i 组分容积分数；

m——LPG 质量流量，kg/s；

R——气体常数；

λ——摩阻系数。

式（6-16）即气态 LPG 的露点 t_d 随输送距离 x 改变的函数关系，它即是气态 LPG 在输送中露点的动态变化情况。应该指出，这一关系只适用于管道中流动的气态 LPG 发生凝结之前的情况。至此，我们可以利用式（6-13）和式（6-16）来判别在给定的输送距离 x 处是否会发生凝结，即进行无凝结动态分析。不发生凝结的设计条件是：

$$t \geqslant t_d + 5℃ \tag{6-19}$$

6.3.3 液化石油气-空气混合气

1. 液化石油气-空气混合气

鉴于液化石油气与空气混合后可以降低输气的露点，解决输配系统中液化石油气组分再液化的问题。制取混合气的方法大致可分为：引射式混气系统和比例调节式混气系统。《城镇燃气设计规范（2020 年版）》GB 50028 规定，液化石油气可与空气或其他可燃气体混合配制成所需的混合气。混气系统的工艺设计应符合下列要求：

（1）液化石油气与空气的混合气体中，液化石油气的体积百分数须高于其爆炸上限的 2 倍。

（2）混合气作为城镇燃气主气源时，燃气质量应符合规范相关规定；作为调峰气源、补充气源和代用其他气源时，应与主气源或代用气源具有燃烧互换性。

（3）混气系统中应设置当参与混合的任何一种气体突然中断或液化石油气体积百分数接近爆炸上限的2倍时，能自动报警并切断气源的安全连锁装置。

（4）混气装置的出口总管上应设置检测混合气热值的取样管。其热值仪宜与混气装置连锁，并能实时调节其混气比例。

（5）采用管道供应气态液化石油气或液化石油气与其他气体的混合气时，其露点应比管道外壁温度低5℃以上。

2. 液化石油气-空气混合气露点

液化石油气混空气后露点温度将下降，其露点温度不仅与混合物的组分及各组分的摩尔成分有关，而且与混合物的总压力及掺混空气量的多少有关。

根据道尔顿和拉乌尔定律推导的相平衡条件，由给定的液化石油气混合气体的摩尔成分及其分压力下进行试算，可求出混合气输送压力下的露点温度。露点温度也可以按计算公式计算。还可编制电算程序运算求解露点。

6.3.4　液化石油气气化站和混气站的设计

液化石油气气相管道供应有两种方案，一种是纯气态的液化石油气管道供气；另一种是液化石油气-空气混合气管道供气。上述设计方案的论证，主要考虑城镇所在地区的地理气候条件；若作为替代气源或调峰补充气源时，必须满足它与主气源之间的互换性，并符合现行国家标准《城镇燃气分类和基本特性》GB/T 13611相关规定。

1. 设计参数、站址选择及其总平面布置

（1）设计规模

液化石油气气化站或混气站的设计规模有年供气量、计算月平均日供气量和高峰小时供气量三种指标。

1）供气对象：主要供应对象是居民和商业用户，有时也供应部分小型工业用户。

2）用气量指标和用气量折算：居民用气量指标可参照管道燃

气居民用气量指标确定，根据各地用气统计资料，可取 1900～2300MJ/(a·人)。

商业用户用气量根据供气规模和当地实际情况确定。可取居民总用气量的 10%～20%。

小型工业用户用气量可根据其他燃料用量折算或采用同类行业用气量指标。

3）设计规模：年、计算月平均日供气量参照液化石油气供应基地相关计算确定。

高峰小时供气量：当气化站（混气站）供应居民用户数小于 2000 户时，按燃器具同时工作系数法计算确定。当气化站（混气站）供应居民用户数大于 2000 户时，按居民、商业用户和小型工业用户的高峰小时用气量叠加计算。

（2）液化石油气组分

液化石油气组分可由气源厂或供应商提供。当由多渠道供应时，需经分析后确定。

（3）设计压力和设计温度

1）设计压力：气化站（混气站）供气总管及调压器前系统设计压力一般取 1.6MPa。调压器后系统设计压力取输气管道系统起点设计压力。

2）设计温度：最高设计温度，可取＋50℃；最低设计温度，取当地极端最低气温。

（4）站址选择原则

气化站（混气站）站址的选择原则可参照液化石油气储配基地（或储配站）相关规定执行。

（5）总平面布置

气化站（混气站）如同液化石油气供应基地（或储配站）按功能分区原则进行总平面设计，即分为生产区（储罐区、气化、混气区）和辅助区。生产区宜布置在站区全年最小频率风向的上风侧或上侧风侧。

（6）液化石油气气化站和混气站的储罐设计总容量

1）由液化石油气生产厂供气时，其储罐设计总容量宜根据供气规模、气源情况、运输方式和运距等因素确定；

2）由液化石油气储配基地供气时，其储罐设计总容量可按计算月平均日 3d 左右的用气量计算确定。

（7）安全、消防

1）气化站和混气站的液化石油气储罐与站内外建（构）筑物的防火间距应符合相关要求。

2）液化石油气气化站和混气站的生产区应设置高度不低于 2m 的不燃烧体实体围墙。

辅助区可设置不燃烧体非实体围墙。

储罐总容积等于或小于 50m³ 的气化站和混气站，其生产区与辅助区之间可不设置分区隔墙。

3）液化石油气气化站和混气站内消防车道、对外出入口的设置应符合液化石油气储配基地（或储配站）相关的规定。

4）液化石油气气化站和混气站内铁路引入线、铁路槽车装卸线和铁路槽车装卸栈桥的设计应符合液化石油气储配基地（或储配站）相关的规定。

5）气化站和混气站的液化石油气储罐不应少于 2 台。液化石油气储罐和储罐区的布置符合液化石油气储配基地（或储配站）相关的规定。

6）气化间、混气间与站外建、构筑物之间的防火间距应符合《建筑设计防火规范（2018 年版）》GB 50016 中甲类厂房的规定。

气化间、混气间与站内建、构筑物的防火间距不应小于表 6-6 的规定。

气化间、混气间与站内建、构筑物的防火间距 表 6-6

项目	防火间距（m）
明火、散发火花地点	25
办公、生活建筑	18
铁路槽车装卸线(中心线)	20

续表

项目		防火间距(m)
汽车槽车车库、汽车槽车装卸台柱(装卸口),汽车衡及其计量室、门卫		15
压缩机室、仪表间、值班室		12
空压机室、燃气热水炉间、变配电室、柴油发电机房、库房		15
汽车库、机修间		20
消防泵房、消防水池(罐)取水口		25
站内道路(路边)	主要	10
	次要	5
围墙		10

注：1. 空温式气化器的防火间距可按本表规定执行；

　　2. 压缩机室可与气化间、混气间合建成一幢建筑物，但其间应采用无门、窗洞口的防火墙隔开；

　　3. 燃气热水炉间的门不得面向气化间、混气间。柴油发电机伸向室外的排烟管管口不得面向具有火灾爆炸危险的建筑、构筑物一侧；

　　4. 燃气热水炉间是指室内设置微正压室燃式燃气热水炉的建筑。当采用其他燃烧方式的热水炉时，其防火间距不应小于25m。

7）液化石油气储罐小于或等于 $100m^3$ 的气化站，汽车槽车卸车柱可设置在压缩机室山墙一侧，其山墙应是无门窗洞口的防火墙。

8）液化石油气汽车槽车库和汽车槽车装卸台柱之间的防火间距可按液化石油气供应基地（或储配站）相关规定执行。

9）燃气热水炉间与压缩机室、汽车槽车库和汽车槽车装卸台柱之间的防火间距不应小于15m。

（8）气化、混气装置

1）气化、混气装置的总供气能力应根据高峰小时用气量确定。

当设有足够的储气设施时，其总供气能力可根据计算月最大日平均小时用气量确定。

2）气化、混气装置配置台数不应少于2台，且至少应有1台备用。

3）气化间、混气间可合建成一幢建筑物。气化、混气装置亦可设置在同一房间内。

① 气化间的布置宜符合下列要求：

a. 气化器之间的净距不宜小于 0.8m；

b. 气化器操作侧与内墙之间的净距不宜小于 1.2m；

c. 气化器非操作侧与内墙之间的净距不宜小于 0.8m。

② 混气间的布置宜符合下列要求：

a. 混合器之间的净距不宜小于 0.8m；

b. 混合器操作侧与内墙的净距不宜小于 1.2m；

c. 混合器非操作侧与内墙的净距不宜小于 0.8m。

③ 调压、计量装置可设置在气化间或混气间内。

4）混合气必须检测。在混气装置出口总管上应设检测混合气的取样管，检测取样混合气的氧分析仪或热值仪宜与混气装置连锁，并能实时调节其混气比例；混气系统有故障时或液化石油气体积百分含量接近爆炸上限的 2 倍时，能自动报警并由安全连锁装置切断气源。

2. 液化石油气气化站设计及示例

（1）工艺流程

储罐内的液态液化石油气利用烃泵加压后送入气化器。在气化器内利用来自热水加热循环系统的热水，将其加热气化成气态液化石油气，再经调压、计量后送入管网向用户供气。

采用加压或等压气化方式时，为防止气态液化石油气在供气管道内产生再液化，应在气化器出气管上或气化间的出气总管上设置调压器，将出站压力调节至较低压力（一般取 0.05～0.07MPa 以下），保证正常供气。

在工程设计中应根据当地环境温度和出口压力按本章 6.3.2 进行液化石油气管道供气无凝动态分析。

等压强制气化和减压强制气化站（采用空温式气化器）工艺流程与加压强制气化站工艺流程类同。

（2）总平面布置

液化石油气气化站总平面布置图如图 6-17 所示。

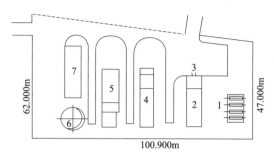

图 6-17 液化石油气气化站总平面布置图

1—4×30m³ 地下储罐室；2—气化间、压缩机房；3—汽车槽车装卸柱；4—热水炉间、仪表间；5—变配电室、柴油发电机房、消防水泵房；6—300m³ 消防水池；7—综合楼

（3）储罐区的布置

1）地上储罐

全压式地上液化石油气储罐有两种形式，即球形和卧式圆筒形。

球形储罐单罐容积序列：50m³，120m³，200m³，400m³，650m³，1000m³，2000m³ 等。

卧式储罐单罐容积序列：5m³，10m³，20m³，30m³，50m³（65m³），100m³ 等。

采用储罐形式和台数根据设计总容积确定。为保证安全运行，节省投资和便于管理台数不宜过多，但不应少于 2 台。

2）地下储罐

为了节省用地，当储罐设计总容积等于或小于 400m³，且单罐容积等于或小于 50m³ 时，可采用地下卧式储罐。

当采用地下储罐时，通常将其设置在钢筋混凝土槽内。地下储罐的布置应符合下列要求：

① 为保证储罐内的液化石油气有足够压力向气化装置供气，其罐顶与槽盖内壁净距不小于 0.4m，且槽内填充干砂；

② 为便于检修，储罐之间设置隔墙，储罐与隔墙和槽壁之间的净距不小于 0.9m；

③ 在北方寒冷地区，当储罐内的液化石油气压力不能满足正常向气化器供应液态液化石油气时，可在储罐内设置潜液烃泵；

④ 地下储罐安全阀放散管管口应高出地面 2.5m 以上；安全阀与储罐之间应装设阀门，且阀口应全开，并应铅封或锁定。

3）工业企业液化石油气气化站的储罐

工业企业内液化石油气气化站的储罐总容积不大于 10m³ 时，可设置在独立建筑物内，并符合下列要求：

① 储罐之间及储罐与外墙的净距，均不应小于相邻较大罐的半径且不应小于 1m；

② 储罐室与相邻厂房之间的防火间距不小于：12m（一、二级耐火等级），14m（三级耐火等级），16m（四级耐火等级）；

③ 储罐室与相邻厂房的室外设备之间的防火间距不应小于 12m；

④ 设置非直火式气化器的气化间可与储罐室毗连，但应采用防火墙隔开。

（4）气化间

1）气化装置的选择

气化装置根据加热热媒不同，有蒸汽、热水和电加热式气化器，此外还有空温式气化器。

蒸汽加热式气化器，其热媒温度较高，当液化石油气组分中烯烃含量较多时，可能产生聚合物，一般慎重采用。

热水加热式气化器，其热水进口温度一般为 85～90℃，在我国被广泛采用。

电加热式气化器是采用化学稳定性好的油品或水做中间热媒将液化石油气加热，使其气化，通常单台气化能力小于 500kg/h 时，采用这种加热方式的气化器。

空温式气化器体形较大，气化能力较小，当供气量较小或用户缺电时采用。

气化装置的总气化能力根据高峰小时用气量确定，其配置台数不应少于 2 台，且至少应备用 1 台。

2）气化间的布置

气化间的工艺布置原则上主要考虑运行、施工安装和检修的需要。

（5）压缩机室

气化站内液化石油气压缩机主要担负卸汽车槽车和倒罐的任务。

（6）热水循环系统

热水加热式气化器所需热水由热水循环系统供给。该系统由燃气热水炉、循环水泵、膨胀水箱和管道等组成。燃气热水炉通常采用液化石油气做燃料。燃气热水炉和循环水泵的配置台数通常与气化器台数相同。并且燃气热水炉、循环水泵和气化器之间的热水管道配管应采用同程方式配置。

1）燃气热水炉热负荷

燃气热水炉热负荷根据液化石油气组分和气化器小时气化能力，按下式计算：

$$W = [GC_{lav}(t-t_1)+Gr+GC_{gav}(t_g-t)]/3600\eta_x \quad (6\text{-}20)$$

式中　W——热水炉热负荷，kW；

　　　G——气化器小时气化能力，kg/h；

　　C_{lav}——液态液化石油气平均质量比热，kJ/(kg·℃)；

　　C_{gav}——气态液化石油气平均定压质量比热，kJ/(kg·℃)；

　　　r——气化温度下液化石油气气化潜热，kJ/kg；

　　　t——液化石油气气化温度，℃；

　　　t_1——液化石油气进液温度，℃；

　　　t_g——气态液化石油气出口（过热）温度，℃；

　　　η_x——热水循环系统的热效率，可取 0.8 左右。

2）燃气热水炉液化石油气消耗量

燃气热水炉液化石油气消耗量根据其热负荷，按下式计算：

$$G_R = \frac{3600W}{H_L\eta} \quad (6\text{-}21)$$

式中　G_R——液化石油气消耗量，kg/h；

W——燃气热水炉的热负荷，kW；

H_L——液化石油气低热值，kJ/kg；

η——燃气热水炉热效率，一般取 0.85。

3）燃气热水炉的选择

燃气热水炉应选择具有自动智能控制和安全连锁保护装置的微正压室燃式的燃气热水炉。

4）热水循环泵

热水循环泵的流量可按下式计算：

$$V_w = \frac{3.6W}{c_w(t_1 - t_2)} \qquad (6-22)$$

式中　V_w——热水泵流量，m^3/h；

W——单台热水炉的热负荷，kW；

c_w——水的平均比热，kJ/(kg·℃)；

t_1——热水炉入口水温，℃；

t_2——热水炉出口水温，℃。

计算得出所需循环水泵流量后，根据系统所需扬程选择水泵。泵的扬程一般取 20～30m。

3. 液化石油气混气站设计及示例

（1）工艺流程

混气站所采用的混气系统基本上有两种，即引射式混气系统和比例混合式混气系统。

引射式混气系统主要由气化器、引射器、空气过滤器和监测及控制仪表等组成。这种混气方式工艺流程简单，投资低，耗电少，运行费用也相对低，但其出口压力较低，供气范围受到限制，气质含湿量可能较高，管道易被腐蚀。

比例混合式系统主要由气化器、空气压缩机组、混合装置和监测及控制仪表等组成。这种混气方式工艺流程较复杂，投资较大，运行费用高，但其自动化程度较高，输配气压力可提高，混合气中含湿量可以控制。

1）引射式混气系统的工艺流程

引射式混气系统工艺流程如图 6-18 所示。

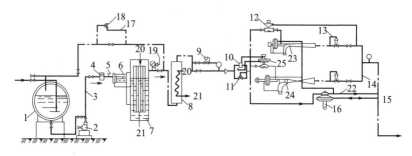

图 6-18 引射式混气系统工艺流程

1—储罐；2—泵；3—液相管；4—空气过滤器；5—调节阀；6—浮动式液位调节器；
7—气化器；8—过热器；9—调压器；10—孔板流量计；11—辅助调压器；
12，25—薄膜控制阀；13—低压调压器；14—集气管；15—混合气分配管；16—指挥器；
17—气相管；18—泄流阀；19—安全阀；20—热媒入口；21—热媒出口；22—调节阀；
23—小生产率引射器；24—大生产率引射器

利用烃泵将储罐内的液态液化石油气送入气化器，将其加热气化生成气态液化石油气，经调压后以一定压力进入引射器而从喷嘴喷出，将过滤后的空气带入混合管进行混合，从而获得一定混合比和一定压力的混合气。再经调压、计量后送至管网向用户供气。

为适应用气负荷的变化，每台混合器设有大、小生产率的引射器各1支。当用气量为零时，混气装置不工作，薄膜控制阀12关闭。当开始用气时，集气管14中的压力降低，经脉冲管传至薄膜控制阀12的薄膜上，使薄膜控制阀12开启，小生产率引射器23先开始运行。当用气量继续增大时，指挥器16开始工作，该脉冲传至小生产率引射器23的针形阀，其薄膜传动机构使针形阀移动，从而增加引射器的喷嘴流通面积，提高生产率。当小生产率引射器23的生产率达到最大负荷时，孔板流量计10产生的压差增大，使薄膜控制阀25打开，大生产率引射器24开始投入运行。当流量继续增大时，大生产率引射器24的针形阀开启程度增大，生产率提高。当用气量降低时，集气管14的压力升高，大小生产率引射器依次停止运行。

在工程中通常设置多台引射式混合器，每台混合器由 3 支或更多支的引射器组成。采用监控系统根据负荷变化启闭引射器的支数和混合器的台数，以满足供气需要。

这种混气方式的混合器出口压力一般不超过 30kPa。

引射器的生产率应按用户需用量的变化规律来确定。在引射器后无调峰储气罐时，宜选择低峰用气量作为最小引射器的生产率，按组合方式不同配置引射器，总的生产率不应小于高峰需用量。在日本，已将气化、混合及调压合成为成套系列化装置，只要按需用量选用就可组合成一整套低压混合气供应系统。

实验表明，液化石油气以 0.2MPa 的压力自然引射周围大气时，引射器制得混合气的压力不超过 8kPa。因此，欲制取较高压力（如中压）的混合气，空气的供给需采用压力鼓风方式。

2）比例混合式混气系统的工艺流程

比例流量式混气系统有三通阀式和平行管式两种。对混合器而言，当混合气体流经节流元件时，其通过量可用式(6-23) 表示：

$$Q = KS\sqrt{p_1 \Delta p / T_1} \qquad (6\text{-}23)$$

式中　Q——标准状态下气体通过流量，m^3/h；

　　　K——与节流元件孔口形状和气体雷诺数有关的常数；

　　　S——节流孔的面积，m^2；

　　　p_1——节流孔前气体绝对压力，MPa；

　　　T_1——节流孔前气体温度，K；

　　　Δp——节流孔前后压差，MPa。

从式(6-16) 可以看出，当混合器的出口压力确定后，T_1 变化较小时，可忽略不计，则影响混合器通过流量主要是 2 个参数，即混合器进口压力 p_1 和流经孔口面积 S。因此，混合器在运行时，随用气负荷的变化调整前述 2 个参数即可改变其供气量。

（2）总平面布置

混气站总平面布置原则与气化站类同。主要区别：气化间和混气间合二为一；另需设空气净化、干燥装置及空气压缩机组。液化石油气混气站总平面布置图如图 6-19 所示。

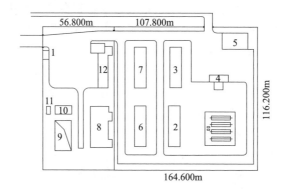

图 6-19　液化石油气混气站总平面布置图

1—门卫室；2—气化、混气间；3—热水炉间；4—液化石油气压缩机室、汽车槽车装卸台；5—汽车槽车库；6—空气压缩机间；7—库房；8—变配电室、柴油发电机房；9—1000m³ 消防水池；10—消防循环水泵房；11—库房；12—循环水池；

（3）气化、混气间和空压机组

1）气化、混气装置的选择

气化、混气装置的供气能力根据高峰小时用气量确定。当设有足够的储气设施时，可根据计算月最大日平均小时用气量确定。

气化装置的总气化能力可按式（6-24）计算

$$G_{hz} = \frac{y_q Q_{hz}}{100\rho_q} \qquad (6-24)$$

式中　G_{hz}——气化装置的总气化能力，kg/h；

　　　　Q_{hz}——高峰小时用气量，m³/h；

　　　　y_q——混合气中液化石油气的体积含量，%；

　　　　ρ_q——标准状态下气态液化石油气的密度，kg/m³。

混气站的小时供气能力确定后，根据设计小时供气量，发展用户计划和调峰的需要，选择气化、混气装置形式、台数和单台供气（气化）能力。

气化和混气装置通常设置成相同台数。气化、混气装置的台数不应少于 2 台，另备用 1 台。当设置台数超过 5 台时，另备用 2 台。

2）气化、混气间的布置

为节约用地、减少投资和便于运行管理，通常将气化、混气装置采用一对一的并联方式布置在同一建筑物内。

为保证混合气质量，实时调节混气比，可将热值仪就近取样点布置在气化、混气间内的专用隔间或附属房间内。

空压机组由螺杆式空压机、冷冻式空气干燥器、空气除油过滤器和空气缓冲罐等组成。空压机组的总排气量按式（6-25）计算

$$Q_{\mathrm{air}} = \frac{y_{\mathrm{air}} Q_{\mathrm{hz}}}{60 \times 100} \tag{6-25}$$

式中　Q_{air}——空压机组总排气量，$\mathrm{m}^3/\mathrm{min}$；

　　　y_{air}——混合气中空气的体积含量，%；

　　　Q_{hz}——高峰小时用气量，m^3/h。

除空气缓冲罐外，空压机组其余各设备的配置台数通常与气化、混气装置的配置台数相同。

6.4　液化石油气的用户供应

6.4.1　液化石油气钢瓶供应

1. 液化石油气瓶装供应站

液化石油气瓶装供应站是城镇中专门用于向居民及商业用户供应液化石油气钢瓶的站点。按照供应站中液化石油气气瓶总容积 V 分为三级站点，瓶装液化石油气供应站的分级如表 6-7 所示。

瓶装液化石油气供应站的分级　　　　　表 6-7

名称	气瓶总容积（m^3）
Ⅰ级站	$6 < V \leqslant 20$
Ⅱ级站	$1 < V \leqslant 6$
Ⅲ级站	$V \leqslant 1$

其中，Ⅰ、Ⅱ级站宜采用敞开或半敞开式建筑，应设置实体围墙与其他建（构）筑物隔开，并保持规范所规定的防火间距；Ⅲ级站可以设在建筑物外墙毗邻的单层专用房间，并符合安全要求。

供应站应邻近公路，以方便运瓶车辆出入。瓶装供应站一般设置在供应区域的中心，供应半径不宜超过 0.5～1.0km；服务用户以 5000～7000 户为宜，一般不超过 10000 户，总建筑面积一般为 160～200m²。

液化石油气瓶装供应站一般由瓶库、营业室及修理间等构成。

（1）瓶库

瓶库用于存放液化石油气实瓶及回收的空瓶，分设实瓶区和空瓶区。瓶库四周应建有不燃烧的实体围墙，该围墙平台高度应与运瓶车辆的车厢高度相匹配。瓶库前须设有运瓶车的回车场地，以方便钢瓶的装卸。

估算液化石油气供应站实瓶库存量，一般按日销售量并加大 10%～20% 作为钢瓶日周转量计算。

（2）营业室及修理间

营业室及修理间办理交费及钢瓶、燃具简单维修事宜。一般设置在大门附近，并应与钢瓶运输车的进出不发生矛盾，有条件时可分别设置不同出入口。

（3）其他生活及辅助用房

其他辅助用房应以方便使用并靠近营业维修区为宜。

2. 钢瓶用户

液化石油气钢瓶以单瓶或瓶组供应的方式，因其投资少、使用灵活等特点，作为管道燃气供应形式的补充，在居民及商业用户中得到广泛应用。

液化石油气单瓶供应系统设备主要由钢瓶、调压器（液化石油气减压阀）、燃具和连接管组成，适用于居民生活炊事用气。商业用户可采用瓶组供气，但单户钢瓶的数量不宜过多；否则，会导致安全性差、管理不便等问题。钢瓶及瓶组供应的液化石油气多采用自然气化方式。

正常情况下，钢瓶内的液化石油气下部为液态，上部是气态；气态液化石油气通过减压阀供给燃具。使用时，打开钢瓶角阀，液化石油气借气化压力（一般为 0.3～0.7MPa），经过减压阀，降压至 2.5～3.0kPa 进入燃具燃烧。这类用户的小时用气量一般小于 0.5～0.7kg/h。

除单瓶供应外，部分用户还可采用双瓶供气。双瓶供应时，一般一个钢瓶工作，另一个为备用瓶。当工作瓶内的液化石油气用完后，备用瓶开始工作，空瓶则用实瓶替换。如果两个钢瓶间装有自动切换调压器，当工作瓶中的气用完后，调压器会自动切换至另一个钢瓶。

双瓶供应时，钢瓶与燃具不得布置在同一房间，有时可将钢瓶置于室外。当钢瓶置于室外时，应尽量使用以丙烷为主要成分的液化石油气，以减少气温对气化过程的影响，减少残液量。同时，钢瓶不得放置在建筑物的正面或运输频繁的通道内，并应设置金属箱、罩或专门的小室等钢瓶保护装置。金属箱距建筑物门、窗等处保证必要的距离。钢瓶与燃具之间一般使用金属管道连接。

瓶装液化石油气以自然气化方式供气时，用户连续用气时间不宜过长，一般以连续大量用气时间不超过 3h 为宜，这样才能充分利用液化石油气自然气化的优势。

连续、大量用气会导致容器壁面温度降低，影响液态液化石油气中气泡的产生及剥离，从而使气化能力下降；当周围环境温度低、湿度大时，还会使容器外壁结霜，进一步恶化通过容器壁的传热。所以，应根据用户用气量的大小选择适宜的钢瓶容量及个数。

6.4.2 液化石油气的管道供应

液化石油气的管道供应适用于居民住宅区、商业用户、小型工业企业用户。一般由气化站或混气站供气。气化站的主要任务是将液态液化石油气在进行自然气化或强制气化后，用管道将气态液化石油气送至用户使用，用户使用的燃具为液化石油气燃具。混气站是将气态液化石油气与空气按一定的比例混合成性质及热值接近天然气的混合气体后，经管道输送到用户，用户使用的燃具为天然气燃具。

气化站与混气站中，液化石油气的储存容量一般按计算月平均日的 2～3d 的用气量确定。气化站与混气站一般设置在居民区用气负荷中心，站址选择及站内布置、与其他建筑物、构筑物间的距离等必须符合规范要求。

1. 液化石油气的自然气化管道供应

液化石油气自然气化管道供应适用于用气量不大的系统，这种系统投资少、运行费用低。一般采用 50kg 钢瓶的瓶组或小型储罐供气。当输气距离较短、管道阻力较小时，气化站通常采用高低压调压器，管道供气压力为低压。当输气距离较长（超过 200m 时）采用低压供气不经济，气化站可设置高中压调压器或自动切换调压器，中压供气，在用户处二次调压。设置高低压调压器的自然气化系统如图 6-20 所示。

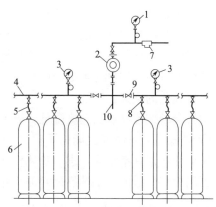

图 6-20　设置高低压调压器的自然气化系统

1—低压压力表；2—高低压调压器；3—高压压力表；4—集气管；5—高压软管；
6—钢瓶；7—备用供应口；8—阀门；9—切换阀；10—泄液阀

瓶组供应的气化站适用于居民住宅楼（30～80 户为宜）、商业用户及小型工业用户。气化站通常设置两组钢瓶瓶组，由自动切换调压器控制瓶组的工作和待用。当工作的瓶组中钢瓶内液化石油气量减少、压力降低到最低供气压力时，调压器自动切换至待用瓶组，设置自动切换调压器的自然气化系统如图6-21所示。

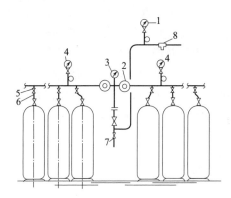

图6-21 设置自动切换调压器的自然气化系统

1—中压压力表；2—自动切换调压器；3—压力指示计；4—高压压力表；5—阀门；

6—高压软管；7—泄液阀；8—备用供应口

瓶组供应系统的钢瓶配置数量，应根据用户高峰用气时间内平均小时用气量、高峰用气持续时间和钢瓶单瓶的自然气化能力计算确定。备用瓶组的钢瓶数量应与使用瓶组的钢瓶数量相同。

瓶组供应系统的钢瓶总容量不超过 $1m^3$（相当于8个50kg钢瓶）时，可以将瓶组设置在建筑物附属的瓶组间或专用房间内，房间室温不应低于0℃；当钢瓶总容量超过 $1m^3$ 时，应将瓶组设置在独立的瓶组间内。

2. 液化石油气的强制气化管道供应

液化石油气的强制气化管道供应方式的特点是：供气量与供应半径较大。但要注意气态液化石油气的输送温度不得低于其露点温度，以避免气态液化石油气在管道中的再液化。

液化石油气的强制气化站可以采用金属储罐或50kg钢瓶的瓶组。在强制气化系统中，储罐或钢瓶瓶组只起储存作用，液态液化石油气要在专门的气化器中进行气化。

强制气化的供气系统根据输送距离的远近可以选择中压供气或

低压供气两种方式。与自然气化管道供应方式一样，当采用中压供气时，在用户处需要进行二次调压。

储罐的设计总容量可以计算月平均 3d 的用气量确定；当采用瓶组供应系统时，钢瓶的配置数量应按 1～2d 的计算月最大日用气量确定，其他要求与自然气化管道供应方式中对瓶组设置的要求一致。

对于城镇居民小区及商业用户，由于其用气量较大，所需储气总容积一般大于 $4.0m^3$。此时，多采用储罐供应系统。储罐可以设置在地上，也可以设置在地下。地上储罐操作管理方便，但当受到场地及安全距离的限制时，可以将储罐置于地下。

储罐强制气化的供气规模可达几千户，强制气化的储罐供应系统如图 6-22 所示。

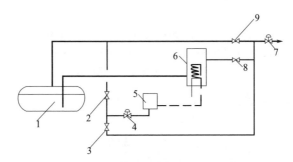

图 6-22　强制气化的储罐供应系统

1—储罐；2、3、8、9—阀门；4、7—调压器；5—热水器；6—气化器

3. 液化石油气混空气管道供应

液化石油气混空气作为中小城镇的气源，与人工煤气相比，具有投资少、运行成本低、建设周期短、供气规模弹性大的优点；与液化石油气自然气化和强制气化管道供应相比，由于混合气的露点比液化石油气低，即使在寒冷地区也可以保证常年供气。同时，这种系统还适于作为城镇天然气到来之前的过渡气源，在天然气到来之后，混气站仍可作为调峰或备用气源留用。如果混气站是作为过渡气源建设时，还应该考虑与规划气源的互换性；以保证在改用天然气后，燃气分配管道及附属设备、用户燃具等可以不需要更换而

继续使用。

　　液化石油气混气站由液化石油气储罐、蒸发器、混合器、计量仪表与管道组成。

　　液化石油气与空气的混合比例应保证安全并满足燃气互换性的要求，混合气体中液化石油气的体积百分含量必须高于其爆炸上限的 2 倍；即当液化石油气的爆炸上限为 10％时，混合气中液化石油气的含量不得低于 20％。

　　根据供气规模的大小，混气站可选择不同的混气方式和设备。国内液化石油气混空气供应站的供气规模已达 2 万～10 万户。液化石油气混空气供应方式主要有利用引射器的混气系统、利用比例调节的混气系统及流量主导控制混气系统三种。

　　（1）利用引射器的混气系统

　　利用引射器的混气系统包括液态液化石油气强制气化过程和气态液化石油气与空气的混合过程两部分。引射器混气系统如图 6-23 所示。

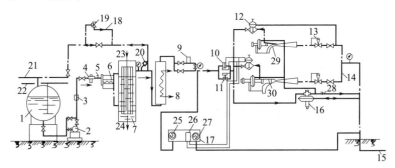

图 6-23　引射器混气系统

1—储罐；2—泵；3、22—液相管；4—过滤器；5—调节阀；6—浮球式液位调节器；
7—气化器；8—过热器；9—调压器；10—孔板流量计；11—辅助调压器；12—切断阀；
13—低压调压器；14—集气管；15—燃气分配管道；16—指挥器；17—仪表盘；
18、21—气相管；19—泄流阀；20—安全阀；23—热媒入口；24—热媒出口；
25—自记式温度计；26—自记式流量计；27—自记式压力计；28—调节阀；
29—小流量引射器；30—大流量引射器

液态液化石油气从储罐 1 经泵 2、液相管 3 导入气化器 7 进行强制气化。从气化器中出来的气态液化石油气经过热器 8、调压器 9 进入小流量引射器 29 或大流量引射器 30。自引射器喷嘴喷出的高速气流从周围大气中吸入空气，一起进入引射器混合管与扩散管，经充分混合后，混合气进入供气管网。

引射器的启闭根据负荷变化可采用自动或半自动方式进行。大、小流量引射器各一台，可适应不同用气量的变化。当用气量为零时，混气装置不工作，切断阀 12 关闭；当有用气量时，集气管 14 中的压力降低，使切断阀 12 开启，小流量引射器 29 开始工作；当用气量继续增加，指挥器 16 开始工作，增加引射器喷嘴的流通面积，提高供气量；当小流量引射器 29 的生产能力达到最大时，孔板流量计 10 产生的压差使大流量引射器 30 开启。当用气量减少时，集气管 14 中的压力升高，引射器逐个停止工作。

混合气的质量由热值仪进行监测，也可用热值标识灯（本生灯）估测。

为调节混气装置的生产能力，可采用不同尺寸的、多个引射器，每个引射器都装有薄膜传动的针形阀，以改变引射器的生产能力。根据用气量的变化，引射器可自动开启或停止运行。混气系统一般应通过低压储气罐（缓冲罐）与低压管道连接，以保证后续管道内燃气压力的稳定。

引射器混气系统的特点是设备简单、操作方便，能自动保持混合气的组分不变；由于靠气态液化石油气引射空气，所以在混气过程中不需要消耗外界能源。

（2）利用比例调节的混气系统

自动比例式混气系统如图 6-24 所示，将液态液化石油气强制气化，产生的气态液化石油气经调压、计量后与高压空气按一定的比例混合后送入供气管网，其混合比例由调节装置自动进行调节。

这种装置适用于气态液化石油气压力较低而要求混合气压力较高的情况。输气管道可选择高、中压系统。自动比例式混气系统的特点是混合气压力高，但设备复杂、耗电量大，适合于大型混气站。

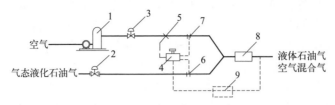

图 6-24　自动比例式混气系统

1—空气压缩机；2—液化石油气调压器；3—空气调压器；4—调节装置；

5—调节阀；6、7—流量孔板；8—混合器；9—辅助调节装置

（3）流量主导控制混气系统

流量主导控制混气系统如图 6-25 所示，将空气经过过滤器由压缩机送入混气室；液态液化石油气强制气化后，气态液化石油气通过调压、计量进入混气室。气态液化石油气与空气的流量、压力及温度数据通过流量计 1、2、压力传感器 4、5 和温度传感器 6、7 传输到集中控制系统的可编程序控制器。然后将气态液化石油气的流量转换为标准流量，按设定的混气比，计算出空气的流量，由控制器发出指令，设定流量控制阀 3 的开启位置，控制空气流量。当用户用气量变化时，通过气动阀 8、9，将信号反馈至液化石油气系统，引起液化石油气的流量、压力变化。可编程序控制器根据变化信号，调整空气流量。空气与气态液化石油气按比例进入混气室内充分混合后送入后续高、中压管道系统。

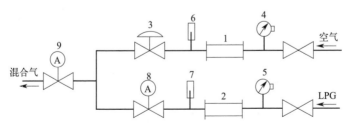

图 6-25　流量主导控制混气系统

1、2—流量计；3—流量控制阀；4、5—压力传感器；6、7—温度传感器；8、9—气动阀

流量主导控制混气系统的工作原理就是根据气态液化石油气的

流量，计算、控制空气的流量，以保证稳定的混气比例。该系统的特点是结构简单，唯一机械活动部分是流量控制阀；自动化程度高，避免了低流量时混气比例不准确、热值波动的现象；可编程序控制器能根据液化石油气的热值变化调整混气比例。

液化石油气混空气供应系统在我国中小城镇发展很快，供气规模及混气方式选择余地较大；设备国产化程度逐步提高，降低了混气系统的投资，促进了这种技术的应用。

6.4.3　用户特殊安全要求

（1）居民用户使用的液化石油气气瓶应设置在非居住房间内，且室温不应高于 45℃。

（2）居民用户室内液化石油气气瓶的放置应符合下列要求：

1）气瓶不得设置在地下室、半地下室或通风不良的场所；

2）气瓶与燃具的净距不应小于 0.5m；

3）气瓶与散热器的净距不应小于 1m，当散热器设置隔热板时，可减少到 0.5m。

（3）单户居民用户使用的气瓶设置在室外时，宜设置在贴邻建筑物外墙的专用小室内。

（4）商业用户使用的气瓶组严禁与燃气燃烧器具布置在同一房间内。瓶组间的设置应符合瓶组气化站的有关规定。

参 考 文 献

[1] 中华人民共和国住房和城乡建设部，国家市场监督管理总局. 燃气工程项目规范：GB 55009—2021［S］. 北京：中国建筑工业出版社，2021.

[2] 中华人民共和国住房和城乡建设部，中华人民共和国国家质量监督检验检疫总局. 城镇燃气设计规范（2020年版）：GB 50028—2006［S］. 北京：中国建筑工业出版社，2020.

[3] 中华人民共和国住房和城乡建设部，国家市场监督管理总局. 城镇燃气输配工程施工及验收标准：GB/T 51455—2023［S］. 北京：中国建筑工业出版社，2005.

[4] 中华人民共和国住房和城乡建设部. 城镇燃气设施运行、维护和抢修安全技术规程：CJJ 51-2016［S］. 北京：中国建筑工业出版社，2016.

[5] 中华人民共和国住房和城乡建设部. 城镇燃气室内工程施工与质量验收规范：CJJ 94-2009［S］. 北京：中国建筑工业出版社，2009.

[6] 中华人民共和国住房和城乡建设部，中华人民共和国国家质量监督检验检疫总局. 压缩天然气供应站设计规范：GB 51102—2016［S］. 北京：中国建筑工业出版社，2016.

[7] 国家市场监督管理总局，国家标准化管理委员会. 城镇液化天然气（LNG）气化供气装置：GB/T 38530—2020［S］. 北京：中国标准出版社，2020.

[8] 中华人民共和国住房和城乡建设部，中华人民共和国国家质量监督检验检疫总局. 液化石油气供应工程设计规范：GB 51142—2015［S］. 北京：中国建筑工业出版社，2015.

[9] 严铭卿. 燃气工程设计手册［M］. 第2版. 北京：中国建筑工业出版社，2019.

[10] 张廷元. 城镇燃气输配及应用工程施工图设计技术措施［M］. 北京：中国建筑工业出版社，2007.

[11] 赵文富. 燃气工程设计与监理［M］. 吉林：吉林人民出版社，2010.

[12] 段常贵. 燃气输配［M］. 第5版. 北京：中国建筑工业出版社，2015.

[13] 詹淑慧. 燃气供应［M］. 第3版. 北京：中国建筑工业出版社，2023.